Der Hundeführerschein

Lizenz zum Gassigehen

Stefanie Sprauer

Der Hundeführerschein

Lizenz zum Gassigehen

Bassermann

Impressum

ISBN 978-3-8094-3333-0
1. Auflage
© 2014 by Bassermann Verlag, einem Unternehmen
der Verlagsgruppe Random House GmbH, 81673 München

Umschlaggestaltung: Atelier Versen, Bad Aibling   **Fotos:** siehe Bildnachweis Seite 128
Redaktionelle Mitarbeit: Gertrud Teusen   **Projektleitung:** Herta Winkler
Redaktion: Nina Andres   **Herstellung:** Sonja Storz
Layout und Satz: Atelier Versen, Bad Aibling

Verlagsgruppe Random House FSC®N001967
Das für dieses Buch verwendete FSC®- zertifizierte Papier *Profimatt* liefert Sappi, Ehingen.

Druck und Bindung: Tesinska tiskarna, Cesky Tesin

Printed in the Czech Republic

Hunde sind nun einmal die besten Freunde des Menschen.
Deshalb sollten wir wenigstens versuchen, sie besser zu verstehen.

Nicholas Dodman

Für die Jungs

Inhalt

http://www.tierverhaltensmedizin.de/
html/hundefuehrerschein.html

Ein Hund wäre toll 10

Familie mit Hund 31

Vorwort

Tiere haben mich schon immer begleitet. Der Umgang mit ihnen hat mich geprägt, und sie zu verstehen war mir stets ein großes Anliegen.

Obwohl Vierbeiner von jeher meine besten Freunde waren, passierte eines Tages das Unfassbare: Ich wurde von einem befreundeten Hund gebissen. Es war einer dieser Unfälle, die heute für Schlagzeilen sorgen würden. Ich hatte Bisswunden an Kopf und Armen. Obwohl ich gerade mal neun Jahre alt war, wusste ich doch, dass der Unfall durch Unaufmerksamkeit verursacht worden war. Die Hundebesitzerin hatte die kritische Situation nicht bemerkt und ich musste schmerzlich erfahren, dass auch ein befreundeter Hund zur Gefahr werden kann. Die Kommunikationssignale des Hundes wurden übersehen und falsch interpretiert. Die Attacke hätte, durch rechtzeitiges Reagieren, verhindert werden können.

Meine weiteren Begegnungen mit Hunden waren, trotz der erheblichen Verletzungen, dennoch keineswegs von Angst, sondern von Respekt und Verständnis für sie geprägt. Auch meine Begeisterung für Hunde blieb (für manch einen unverständlich) durch diesen Vorfall weiterhin bestehen, und die Beziehung zu ihnen vollkommen unbeeinträchtigt.

Nach neusten Erkenntnissen leben wir inzwischen geschätzte 19.000 bis 32.000 Jahre mit dem Hund zusammen und domestizieren ihn durch Auslese und Zucht zu einem für das Zusammenleben mit dem Menschen passenden Haustier. Aber trotz dieser langen Zeit führt mangelhaftes Wissen, was Kommunikation und Verhalten des Hundes betrifft, immer noch zu Verständnisproblemen. Bedenkliche Trainingsmethoden tragen auch ihren Teil dazu bei, dass es immer wieder zu kritischen bis gefährlichen Situationen kommt.

Der Hund an sich versucht, sich den jeweiligen Gegebenheiten aufs Beste anzupassen, uns im Gewirr von Eindrücken möglichst richtig zu verstehen und Konflikte durch Kommunikation weitgehend zu vermeiden. Jetzt liegt es an uns, nicht ausschließlich vom Hund zu erwarten, dass er uns versteht, sondern uns im Verstehen des Hundes zu schulen, um ihm und uns ein angenehmes Leben in unserer Gesellschaft zu ermöglichen, ohne eine Gefahr oder ein Ärgernis für andere Menschen zu werden. Nur durch Wissen können Missverständnisse und Gefahren vermieden und Beißunfälle verhindert werden, um das Leben von ca. 5,4 Millionen in Deutschland lebenden Hunden mit uns möglichst unbeschwert zu machen.

Ich hoffe, mein Buch trägt dazu bei, dass mehr Menschen ihre Hunde besser verstehen und sich klar darüber werden, welche Verantwortung es mit sich bringt, einen Hund zu halten – sei er groß oder klein.

Ihre
Dr. Stefanie Sprauer

Eine kleine Gebrauchsanweisung

Es gibt Menschen, die lesen prinzipiell keine Gebrauchsanweisungen und handeln stets nach dem Prinzip »learning by doing«. Wenn Sie nun dieses Buch in Händen halten, dann haben Sie vielleicht schon festgestellt, dass das mit einem Hund nicht unbedingt funktioniert. Ihr Vierbeiner ist ein Lebewesen mit ganz eigenem Charakter und einer durchaus anderen Sichtweise auf die Welt. Ihn besser zu verstehen sollte Hauptmotivation für das Lesen dieses Buches sein.

Es gibt für die »Arbeit« mit diesem Buch zwei Herangehensweisen:

• Die eine – die effektivste – Methode ist, die folgenden Kapitel konsequent durchzuarbeiten und dabei so wenig wie möglich zu überspringen oder auszulassen. Jedes Kapitel enthält Trainingsanleitungen und Expertentipps zu allen möglichen Themen, mit denen sich Hundebesitzer beschäftigen sollten. Am Ende eines jeden Kapitels finden Sie einen Fakten-Check, mit dem Sie schnell überprüfen können, ob Sie die vorhergehenden Seiten auch verinnerlicht haben. Einen Anspruch auf Vollständigkeit (im Sinne des Bestehens der Hundeführerschein-Prüfung) kann natürlich nicht gegeben werden. Denn: Eine (bundesweit) verpflichtende Prüfung gibt es ja noch nicht.

• Die andere Methode ist das situative Vorgehen, wobei Sie entscheiden, welche Kapitel Sie in welcher Reihenfolge lesen wollen. Im Text (und auch im Inhaltsverzeichnis) finden Sie Weblinks bzw. einen QR-Code, der Sie mit meiner Website verbindet. Dort finden Sie ein kleines Inhaltsverzeichnis, hinter dem sich zehn kleine Filme verbergen, die bestimmte Trainingseinheiten visualisieren. Sie können sich also anschauen, wie beispielsweise ein *Sitz*, *Platz* oder *Bleib*-Kommando eingefordert wird.

Dieses Buch ist in vielerlei Hinsicht neu und innovativ. Bücher zur Hundeerziehung gibt es viele, aber nur dieses hier bietet Ihnen einen multimedialen Ansatz, der Sie ermutigen soll, sich intensiver mit Ihrem Vierbeiner zu beschäftigen und ihm genau die Aufmerksamkeit zu schenken, die eigentlich alle Hunde verdienen.

Denn um den Hund zu verstehen, bedarf es intensiver Kommunikation. Einen kleinen Einblick aus einem »Hundeleben« geben Ihnen die farblich hervorgehobenen Textpassagen. »Hier spricht der Hund« (mein Hund Finnley) fordert Sie immer wieder auf, bestimmte Lebenssituationen des Hundes einmal aus seiner Sicht zu betracht.

www.tierverhaltensmedizin.de/
html/hundefuehrerschein.html

Kapitel 1

Ein Hund wäre toll

Die Entscheidung, sich einen Hund anzuschaffen, treffen die meisten Menschen mit dem Herzen. Äußerlichkeiten spielen dabei natürlich eine große Rolle. Zugegeben, die treuen Augen, das kuschelige Fell, die Aussicht auf entspannte Spaziergänge und lustige Spielstunden machen eine realistische Einschätzung durchaus schwer. Dabei ist es so wichtig, sich schon im Vorfeld Gedanken darüber zu machen, was alles auf einen zukommt.

Ein Hund bereichert das Leben ungemein, bringt aber auch Veränderungen mit sich, die manch einem zukünftigen Hundebesitzer nicht immer bewusst sind. Um ungewollte Überraschungen schon im Vorfeld zu vermeiden, muss das gemeinsame Leben gut vorbereitet werden. Rasse, Herkunft, Alter, Zeit und Geld spielen dabei eine große Rolle. Oft gilt es, einen Kompromiss zwischen dem zu finden, was man sich wünscht, und dem, was man zu leisten in der Lage ist. Ein realistischer Blick auf die eigenen Vorstellungen, aber auch auf die Bedürfnisse eines Hundes sind wichtige Voraussetzungen.

Die Rasse – was soll's denn sein?

Laut Verband für das Deutsche Hundewesen (VDH) gibt es derzeit 343 verschiedene Hunderassen. Sie unterscheiden sich nach Größe, Aussehen, Charakter und – ganz wichtig – dem ursprünglichen Einsatz der Tiere, dem sogenannten Gebrauch.

Ursprünglich wurde jede Rasse für eine bestimmte Aufgabe gezüchtet und musste ihren Job als Jagdbegleiter, Hüte-, Hof-, Schutz- oder auch Schoßhund erfüllen. Heute ist das anders, denn Hunde sind in erster Linie als soziale Begleiter gewünscht und werden zumeist als Familienhunde gehalten. Was man dabei leicht vergisst: Die genetische Ausstattung zur Erfüllung der ursprünglichen Aufgaben ist immer noch mehr oder weniger bei jedem Hund vorhanden. Bei der Auswahl des richtigen Hundepartners darf deshalb nicht nur das Aussehen eine Rolle spielen, sondern auch die genetischen Dispositionen des Hundes müssen berücksichtigt werden.

Ein gutes Beispiel ist der *Weimaraner*, der aufgrund seines wunderschönen Erscheinens gerade sehr gefragt ist. Was dabei gern übersehen wird: Der Weimaraner ist ein Jagdhund und zeigt entsprechendes Verhalten. Dieses in die richtige Bahn zu lenken, ist eine echte Herausforderung.

Oder der *Australian Shepherd* und der *Border Collie*. Sie sind die hochbegabten Workaholics unter den Hunden. Mit Joggen allein geben sie sich nicht zufrieden. Langeweile vertragen sie gar nicht, bei Unterbeschäftigung beginnen sie nämlich, alles zu hüten, was ihnen vor die Nase kommt – auch Kinder. Dabei sind beide oft nicht zimperlich. Sie zwicken dazu gerne mal in die Ferse des Hüteobjekts, was dann vom unvorbereiteten Besitzer oft als Aggression ausgelegt wird.

Der Zeitfaktor

Der Faktor Zeit spielt bei der Wahl der Rasse auch eine große Rolle. Hunde möchten nicht nur am Wochenende Freizeitbegleiter sein, sondern fordern ihre (rassespezifische) Beschäftigung auch an den Wochentagen ein. Regelmäßige Gassirunden – und das bei jedem Wetter – sind sozusagen die Minimalforderung an den Hundehalter. Ohne kontinuierliche Beschäftigung machen viele Vierbeiner jede Menge Blödsinn. Oder sie sind unterfordert, liegen resigniert unter dem Bürotisch und entwickeln manchmal sogar eine (meist unerkannte) Depression oder entwickeln einen anderen Tick.

Der Kostenfaktor

Und wie immer geht es natürlich auch ums Geld: Eine *Deutsche Dogge* frisst mehr als ein *Chihuahua,* braucht aber ebenso hochwertiges Futter. Logischerweise kosten Ausstattung und Ausrüstung großer Hunde mehr als die von kleinen. Zum großen Kostenfaktor allerdings kann der Tierarzt werden, wenn rassebedingte gesundheitliche Probleme auftreten. Manch eine hübsche Rasse leidet schon als Welpe unter bewusst gezüchteten Schönheitsmerkmalen, die zu Atemnot, z. B. beim *Mops* oder

der *Englischen Bulldogge*, Taubheit, z. B. bei *Dalmatinern* oder anderen weißen Hunden, oder Missbildungen, z. B. Hüftgelenksdysplasie beim *Deutschen Schäferhund*, Hydrozephalus (Wasserkopf) beim *Chihuahua* oder Dackel-lähme (Bandscheibendegeneration), z. B. beim *Dackel* oder *Basset Hound*, führen. Die Liste lässt sich beliebig fortführen.

Zu den Kosten für Gesundheit und Pflege kommen natürlich noch die obligatorische Haftpflichtversicherung für Hunde und die ortsübliche Hundesteuer (siehe Seite 122).

Welcher Hund passt zu mir?

Die Frage lässt sich in einem Buch und ganz pauschal natürlich nicht beantworten. Ein guter Indikator, wenn es um die Hundegröße geht, ist die Wohnsituation.

Welpen beispielsweise sollten noch keine Treppen laufen. Das Welpentragen gehört also zum üblichen »Hundehaltersport« in den ersten Monaten. Vor allem, wenn sich die Wohnung nicht Parterre, sondern im 4. Stock ohne Aufzug befindet. Das kann ein *Retriever*-Frauchen schon mal ins Schwitzen bringen. Die Entscheidung gegen einen kleineren Hund, wie vielleicht einem *Parson Jack Russelll*, wird in diesem Moment schnell bereut. Auch wenn das Treppentragen des Welpen anfangs noch kein großes Problem darstellt, stößt man bei den großwüchsigen Hunden, die aus gesundheitlichen Gründen möglichst wenig Treppen steigen sollten, recht schnell an die Grenzen der Leistungsfähigkeit.

Ein Garten ist für Hunde natürlich toll und schön für gemeinsames Entspannen und Spielen zwischendurch. Wird der Hund jedoch ausschließlich zur selbstständigen Beschäftigung im Garten geparkt, kann

die entstehende Langeweile Unarten wie beispielsweise das Graben und Buddeln oder das Verbellen von Passanten am Gartenzaun fördern. Dieses Verhalten den Vierbeinern wieder abzugewöhnen, ist eine durchaus große Herausforderung. Ein Garten erleichtert natürlich das Stubenreinheitstraining des Welpen und erspart vielleicht den nächtlichen Gassigang vor dem Zubettgehen mit dem erwachsenen Hund. Die täglichen Spaziergänge mit seinem Vierbeiner in Park und Wald ersetzt ein Garten jedoch nicht!

Welpe, Junghund oder eine weiße Schnauze?

Alles hat seine Vor- und Nachteile.

• **Ein Welpe** beispielsweise kann noch gut sozialisiert werden, braucht aber im ersten Jahr Aufmerksamkeit und muss erzogen werden. Einerseits klagen Welpenbesitzer über Schlafmangel, das anstrengende Training der Leinenführigkeit und angekaute Sofaecken, andererseits schwärmen sie von ersten erfolgreichen *Sitz*-Kommandos und freudigem Zurückkommen beim Rückruf.

• **Junghunde** bestechen durch ihre Aktivität und Ihre Freude an der Zusammenarbeit, sie sind inzwischen stubenrein und verstehen schon erste Kommandos, die aber noch gefestigt werden müssen. Sie sind jedoch recht anspruchsvoll und möchten ihrer Rasse

gemäß beschäftigt werden. Die Zeit der Pubertät bringt so manch einen Hundebesitzer zur Verzweiflung, da Gelerntes plötzlich wieder vergessen ist, Regeln nicht eingehalten und Grenzen infrage gestellt werden.

- **Ältere Hunde** haben die Pubertät bereits hinter sich und zeigen einen gewissen Grundgehorsam. Die Tiere sind je nach Alter und Rasse häufig ruhiger, ihr Anspruch an langen, täglichen Gassirunden ist eventuell geringer. Jenseits des Welpenalters haben die Hunde allerdings auch eine persönliche *Geschichte* und neben Tugenden bringen sie eventuell auch manche Untugend mit.

Einen Hund rein nach optischen Gesichtspunkten auszuwählen ist nicht sinnvoll. Abgesehen von der Verantwortung, die man mit der Anschaffung eines Hundes übernimmt, muss man sich auch über die Investitionen klar sein, die die Anschaffung eines Hundes bedeuten. Es ist also wichtig, sich vor der Entscheidung zu informieren, ob der ideale Hund auch zu den persönlichen Aktivitäten, den zeitlichen und finanziellen Möglichkeiten passt, mit dem Umfeld (Wohnung und Arbeitsplatz) vereinbar ist und ob man dem Tier ein Leben lang gerecht werden kann. Denn uns Menschen begleitet er nur einen überschaubaren Lebensabschnitt, doch für den Hund ist es sein ganzes Leben! Eine Entscheidung also, die mit Herz und Verstand getroffen werden muss und nicht spontan und vorschnell.

Woher bekomme ich einen Hund?

Wenn Sie sich einen Hund anschaffen möchten, egal ob Welpe oder erwachsener Hund, dann sollten Sie sich in qualifizierte Hände begeben, denn die Herkunft des Hundes beeinflusst unter anderem das weitere Zusammenleben.

Rassehunde vom Züchter

Züchter ist nicht gleich Züchter. Man sollte sich gut informieren und sich nicht von Urkunden oder gewonnenen Pokalen blenden lassen. Bei verantwortungsvollen Züchtern haben die Hunde mit den Welpen Familienanschluss und werden in den ersten 8 bis 12 Lebenswochen positiv geprägt und sozialisiert.

VDH-Züchter gehören einem Zuchtverband
des VDH (Verband für das Deutsche Hundewesen) an und haben ein VDH-Gütesiegel,
das kontrollierte, züchterische Qualität
garantiert und gesundheitliche Risiken durch
festgelegte Regeln weitgehend minimiert.
Die Zucht bedeutet großen zeitlichen und
finanziellen Aufwand, der die unter Umständen höheren Preise auch rechtfertigt.

Wählt man hingegen einen Welpen aus
privater Zucht, bedeutet das nicht immer,
dass man einen gesunden Hund erhält.
Oftmals sind den »privaten« Züchtern
ohne Zuchtverband im Hintergrund gesundheitliche Risiken nicht bewusst, und
die verpaarten Tiere werden hinsichtlich
vererbbarer Krankheiten nicht überprüft.

Bietet ein Züchter Welpen unterschied-
lichster Rassen an, muss man kritisch
nachfragen. In Massenzuchten werden die
Hündinnen häufig unter widrigsten Bedingungen als Gebärmaschinen missbraucht
und die Welpen keineswegs hinreichend
auf ihr zukünftiges Leben vorbereitet.

Bei sogenannten Wühltischwelpen handelt
es sich um Tiere, die Verkäufer zu Dumping-
preisen und häufig direkt aus dem Kofferraum anbieten. Die Tiere werden oft viel zu
früh von der Mutter und den Geschwistern

getrennt, medizinisch nicht versorgt und
sowohl krank als auch sozial inkompe-
tent an die Welpenkäufer abgegeben.

Fazit: Nicht der Welpenpreis oder die
Entfernung zum Züchter, sondern die
Aussicht auf einen vitalen, wesens-
festen Hund und eine möglichst prob-
lemlose, gemeinsame Zeit sollten beim
Welpenkauf ausschlaggebend sein.

Ich bin ein Welpe!

»Ich bin Finnley, ein *Flat-Coated Retriever*-Rüde. Die ersten 8 Wochen meines Lebens verbrachte ich mit meinen zwölf Geschwistern und meiner Mutter Dira in Haus und Garten unserer Züchterin Uschi. Dort gab es viele unbekannte Dinge, die ich mit meinen Geschwistern im Spiel erkunden konnte. Natürlich lassen sich unheimliche Situationen viel besser überstehen, wenn man seine Geschwister im Schlepptau hat und eine entspannte Hundemama noch dazu! Für Fressen war immer gesorgt, selbst wenn man bei so vielen Geschwistern schon schauen muss, dass man etwas abbekommt und eine freie Zitze erwischt. Zu der »Milchbar« kam bald noch ein Napf mit leckerem Futter, sodass wir bei den vielen Mahlzeiten immer alle satt wurden. Meine Welt war total in Ordnung und im Nachhinein auch dieser erste Tierarztbesuch gar nicht so schlimm. Das mit der Impfung und dem Identifikationschip in der 7. Woche habe ich zwar nicht so recht verstanden, außer dass es ziemlich unangenehm war. Aber erfreulicherweise gab es währenddessen Leckerlis satt, sodass ich Menschen mit diesem Geruch von damals heute trotzdem leiden kann.«

Die Entwicklungsphasen

- **Neonatale Phase**
(1. und 2. Lebenswoche)

In der neonatalen Phase sind die Welpen anfangs noch blind und taub. Es wird in erster Linie gefressen und geschlafen. Eine Wärmeregulation ist noch nicht möglich, die übernimmt die Mutter. Das Ausscheiden von Kot und Urin erfolgt nur auf Stimulation. Die Tiere können kriechen, um Kontakt zu den wärmenden Geschwistern und der Mutter aufzunehmen. Mit pendelnden Kopfbewegungen werden die milchgefüllten Zitzen ausfindig gemacht. Über die Muttermilch wird ein Stoff namens α-Casozepin von den Welpen aufgenommen, der eine beruhigende, stressreduzierende Wirkung hat. Der Geschmack ist in dieser Phase ausgebildet, sodass das stressreduzierende α-Casozepin wahrgenommen und dessen Geschmack als Erinnerung abgespeichert werden kann. Vom Geruchssinn nimmt man an, dass dieser zu diesem Zeitpunkt nur geringfügig funktioniert. Berührungen, aber auch Schmerz und Kälte werden vom Welpen in dieser Lebensphase jedoch deutlich wahrgenommen.

- **Übergangsphase
(3. und 4. Lebenswoche)**

In der 3. Lebenswoche passieren viele Entwicklungsschritte. Der Welpe kann nun sehen, hören und dementsprechend seine Umwelt wahrnehmen und auch auf sie reagieren. Die Thermoregulation ist kein Problem mehr, und auch die Ausscheidung seiner Exkremente schafft er ohne Stimulation. Jetzt beginnt die Prägung auf einen bestimmten Ausscheidungsuntergrund. Gute Züchter bieten daher schon den Zugang nach draußen an oder organisieren Behältnisse mit Sand, Erde und Gras, in denen sich die Welpen lösen können, um das Stubenreinheitstraining (siehe Seite 26f.) zu unterstützen. Die Tiere können gegen Ende dieser Phase einigermaßen gehen, mit dem Schwanz wedeln und die ersten Zähnchen des Milchgebisses kommen zum Vorschein. Zusätzlich zur Muttermilch nehmen die Welpen jetzt auch weiches, halbfestes Futter auf. Am Ende der Übergangsphase zeigen die Welpen auch schon den Schreckreflex (Startle Reflex), sie zucken bei lauten Geräuschen zusammen.

- **Sozialisationsphase
(4. bis 12./14. Lebenswoche)**

Nun werden die Welpen langsam von der Mutter entwöhnt. Die Bewegungsfähigkeit entwickelt sich zunehmend, die Welpen lernen in dieser Phase rasend schnell. Alles hier Erfahrene und Erlernte bildet die Basis für das weitere Leben. Daher ist es so wichtig, dass der Welpe gerade in dieser Zeit möglichst viele positive Begegnungen mit Dingen des Lebens erfährt, die dann als Referenzwert für zukünftige Situationen zum Abgleich entsprechender Reaktionen abgelegt werden.

Bis zur 5. Lebenswoche sind die Welpen relativ angstfrei, weil die Entwicklung des Nervensystems mit anderen Bereichen beschäftigt ist. Angst zeigen die Welpen erst ab der 5. Lebenswoche. Es wird vermehrte Vokalisation gezeigt, wenn die Mutter sie alleine lässt oder sie in unbekannten Räumlichkeiten alleine gelassen werden. Da die Umwelt gerade im Alter von 6 bis 7 Wochen starken Einfluss auf die Welpen nimmt, sollte in dieser Zeit verstärkt darauf geachtet werden, dass negative oder traumatische Ereignisse, wie z. B. der Wechsel in die neue Familie, möglichst vermieden werden. Bis zur 8. Woche sind Verhaltensweisen wie Knurren, Schnappen, Haarestellen und Zeichen der Unterwerfung mit passender Mimik zu erkennen. Im Alter von 12 Wochen werden die Welpen neugierig (das sogenannte Explorationsverhalten). Das heißt, die Umgebung wird vom Welpen aufmerksam erkundet und er ist an allem hochinteressiert.

In dieser Zeit sollte viel gemeinsam erkundet und vom Hund spielerisch wahrgenommen werden, ohne jedoch den Welpen durch die Vielfalt der Eindrücke zu überfordern!

• **Juvenile Phase (von der 14./16. Lebenswoche bis zur Geschlechtsreife)**
In dieser Phase werden die Milchzähne langsam durch das bleibende Gebiss ersetzt. Bei Rüden beginnt das Markierverhalten, über das erste Beinheben freuen sich die Besitzer ungemein. Das Fell verändert sich, weg vom kuscheligen Welpenfell hin zum schönen seidigen Erwachsenenfell. Aus manchem süßen kleinen »Eisbär« wird jetzt ein hübscher, stattlicher junger Hund. Dann kommen die Hunde in die Pubertät, die mit der Geschlechtsreife endet. Bei Rüden kann man diesen Zeitpunkt nicht auf den Tag genau festlegen, wird es aber an seinem veränderten Verhalten feststellen. Bei Hündinnen hingegen ist die Geschlechtsreife durch die erste Läufigkeit (siehe Seite 108f.) gekennzeichnet und dadurch fest terminiert.

• **Reifungsphase (Geschlechtsreife bis zum 2. oder sogar 3. Lebensjahr)**
Die Reifungsphase beschreibt das soziale und emotionale Heranreifen der Tiere, das je nach Größe, Rasse, aber auch Geschlecht unterschiedlich viel Zeit in Anspruch nehmen kann. Im Alter von ungefähr 8 Monaten kommt es hier nochmals zu einer sensiblen Phase, in der die Hunde vor allem Schreckhaftigkeit und Angst vor bereits bekannten Dingen zeigen.

Mischling oder Rassehund?

Bei Mischlingen fehlen oft Informationen zu den ursprünglichen Rassen. Häufig sind schon die Elterntiere Mischlingshunde und es können nur Vermutungen angestellt werden, wie sich der Welpe entwickeln wird.

Beim Rassehund kann man sich am Rassestandard orientieren. Was jedoch aus dem Hund einmal wird, der bei einer Familie einzieht, weiß man trotzdem nicht genau.

Designerhund Labradoodle

Jeder Hund jeder Rasse und jeden Wurfs ist ein Individuum mit ganz persönlichen Eigenschaften und Veranlagungen in Charakter und körperlicher Konstitution.

Robuster und gesünder sind Mischlingshunde nicht. Diese weitverbreitete Ansicht wurde in Studien der Tierärztlichen Hochschule Hannover und der Universität Wien widerlegt. Die Erkrankungsgefährdung bei Mischlingen ist der von Rassehunden ähnlich. Sie hängt genauso wie bei diesen von der genetischen Ausstattung der Vorfahren ab. Da Mischlinge in der Regel aber aus zufälliger Verpaarung gesundheitlich nicht überprüfter Elterntiere entstehen, kann man nur abwarten und hoffen. Sind die Elterntiere ebenfalls Mischlingshunde, bringt eventuell der inzwischen verfügbare Gentest Genaueres über die Vorfahren ans Licht.

Werden Hunde zweier Rassen gezielt verpaart, spricht man von *Hybridhunden*. Ziel dieser Zucht ist die Ausnutzung des Heterosis-Effekts, also der besonderen Leistungsfähigkeit und Vitalität von Hybriden (Kreuzungen). Experten sehen das jedoch durchaus kritisch. Ein weiteres Ziel der Hybridzucht durch Einzüchtung verschiedener Rassen ist die Reduzierung vorhandener Rassekrankheiten. Ein Beispiel: Beim *Mops* macht die Atmung immer wieder Probleme, deshalb verpaart man ihn mit dem *Beagle*. Zuchtziel ist dabei eine längere Schnauze, was die Atmung erleichtert. Es entsteht der *Puggle*, ein sogenannter *Designerhund*. Im schlechtesten Fall sind die Welpen der Verpaarung so aktiv wie ein *Beagle*, jedoch mit der unzureichenden Atemleistung eines *Mopses*. Auch bei bester Planung bestimmt am Schluss oft die

Natur, in welchem Umfang genetische Veranlagungen vererbt werden. Die genetische Ausstattung eines Hundes ist jedoch nicht alleine ausschlaggebend für seine Entwicklung. Auch Umwelteinflüsse spielen eine große Rolle und tragen maßgeblich zur physischen und psychischen Stabilität bei. Das gilt für Rassehund und Mischling!

Hunde suchen ein Zuhause!

Entscheidet man sich für einen Hund aus dem Tierschutz, entscheidet man sich für ein Tier mit unbekannter Herkunft und einer Vorgeschichte, die problembehaftet sein kann. Die zu vermittelnden Hunde haben größtenteils schlechte Erfahrungen mit ihrer Umwelt gemacht oder unter Umständen ein enormes Defizit an Erfahrungen jedweder Art. Wer nach gründlicher Überlegung einem dieser Tiere eine langfristige Chance geben möchte, findet solche Hunde im Tierheim oder bei Tierschutzorganisationen, die auch Vierbeinern aus dem Ausland helfen und diese zur Vermittlung anbieten.

Im Tierheim warten junge und ältere Tiere auf ein neues Zuhause. Mitleid führt häufig dazu, sich spontan für einen Hund zu entscheiden. Aber auch dieser Schritt sollte gut überlegt werden. Probleme, die im Vorfeld oft nicht vermutet werden, zeigen sich erfahrungsgemäß erst im Alltag. Viel Zeit und Geduld sind dann langfristig erforderlich, um ein harmonisches Zusammenleben zu ermöglichen.

Viele Tierschutzorganisationen engagieren sich im Ausland, retten Hunde aus sogenannten Tötungsstationen und versuchen, die Tiere in einem neuen Zuhause in Deutschland unterzubringen. Bei diesen

Tieren handelt es sich meist um Straßen-
hunde, die über Generationen hinweg gelernt
haben, sich alleine oder in einem mehr
oder weniger festen Rudel durchs Leben zu
schlagen. Besitzer solcher Hunde müssen
sich daher möglicherweise auf selbst-

ständige Hunde mit starkem Jagdverhalten einstellen oder damit rechnen,
dass ein Hund bei ihnen einzieht, der
vielleicht Ängstlichkeit, Trennungsangst
oder auch Angstaggression zeigt.

Tipp: Will man einen etwas älteren Hund
oder Junghund erwerben, lohnt es sich,
bei einschlägigen Zuchtverbänden nachzu-
fragen. Manchmal werden dringend neue
Besitzer für ältere Hunde gesucht, die aus
verschiedenen Gründen nicht in der ursprünglichen Familie bleiben können, aber
aus dem Gröbsten schon heraus sind.

Das neue Familienmitglied zieht ein!

Endlich ist die Entscheidung für den passenden Hund getroffen und über kurz oder lang
zieht das neue Familienmitglied ein. Damit
alles glattgeht, müssen jetzt Vorbereitun-
gen für den großen Tag getroffen werden.

Als Grundausstattung und zum Abholen
braucht der kleine Freund je nach Größe
und Alter ein passendes bzw. verstellbares
Halsband oder Geschirr mit dazugehöriger
Leine. Eventuell ist eine ausreichend große
Transportbox, in die eine Decke gelegt wird,
beim Abholen hilfreich. Falls die Autofahrt
ins neue Zuhause länger dauert, ist ein

kleiner Wassernapf (gibt es in faltbarer
Variante) erforderlich. Hundekottüten sollten
schon beim Abholen griffbereit sein. Um die
Trennung zu erleichtern, gibt ein fürsorg-
liche Züchter ein Tuch mit dem Geruch der
Geschwister und Mutterhündin mit auf die
Reise. Auch die ersten Futterrationen werden
vom Züchter mitgegeben, damit der Welpe
die ersten Tage gut versorgt ist. Zum Wohl-
fühlen benötigt er darüber hinaus daheim
einen Futter- und einen Wassernapf, ein
Hundebett (Körbchen, Decke, Kissen), ausgestattet mit einer kuschelig weichen Decke,
und das eine oder andere Hundespielzeug.

Welpe sein

Wie sich ein Welpe fühlt, der von seinen neuen Menschen abgeholt wird, lässt sich nur schwer nachvollziehen. Zwar wird er von verantwortungsvollen Züchtern gut auf sein »neues« Leben vorbereitet, aber zu glauben, die Trennung von Mutter und Geschwistern würde dem kleinen Vierbeiner gar nichts ausmachen, ist nicht richtig.

»... und wer bist du?«

»Mit acht Wochen wurde ich von meinen neuen Besitzern abgeholt. Die Autofahrt war nicht schlimm, denn so was kannte ich ja schon. Aber ganz alleine hatte ich das vorher noch nie gemacht und die anderen fehlten mir doch wirklich sehr. Ich hatte Angst und so was, das man Heimweh nennt, sodass ich bitterlich weinen musste. Gut, dass ich das »Hundetuch« mit dem Geruch nach meinem alten Zuhause dabeihatte, so konnte ich nach einiger Zeit im Arm meiner neuen Besitzerin einschlafen. Nach einer gefühlten Ewigkeit kamen wir in meinem neuen Zuhause an. Vom Auto über eine Wiese, auf der ich unter viel Zuspruch und Applaus meine Geschäfte erledigen konnte, ging es in ein Haus mit unbekanntem Steinboden. Von einem Aufzug, den ich auch noch nicht kannte, der aber auch sehr ungefährlich schien, hinein in die Wohnung. Erst hoffte ich, alte Bekannte wiederzusehen, aber es roch ganz anders. Nach erstem Umsehen, einem Schluck aus dem neuen Wassernapf und einer kleinen Mahlzeit musste ich nochmals raus auf die schon bekannte Wiese. Wieder oben angekommen, entdeckte ich ein kuschliges Plätzchen mit meinem Hundetuch, das mich an Mama Dira und die anderen erinnerte. Hier machte ich es mir gemütlich und schlief schnell ein.«

Die Trennung von Muttertier und Geschwistern ist für den Welpen unverständlich und schmerzhaft. Alles ist neu und fremd. Er zieht in ein unbekanntes Zuhause zu einem unbekannten Rudel. Dort gibt es neue Regeln, Grenzen und eine Menge Unverständliches. Es ist im Grunde, wie wenn zwei Fremdsprachler aufeinandertreffen und keiner der beiden ein Wort der anderen Sprache spricht oder versteht. So geht es dem kleinen Welpen.

Nur durch häufige, konsequente Wiederholung der gleichen Signale (Stimmsignal oder Handsignal) zu einem bestimmten Verhalten lernt der Hund nach und nach seine »Vokabeln« für das Zusammenleben im neuen Zuhause. Dazu muss man sich klarmachen, dass man es mit einem sehr jungen Tier zu tun hat. Die kleine Blase des Welpen ist z. B. noch nicht so dehn-

bar wie im Erwachsenenalter und auch der dazugehörige Schließmuskel ist noch nicht genügend trainiert, um stundenlang einzuhalten. Hier scheitert es manchmal am menschlichen Verständnis oder auch an der noch fehlenden Kommunikation. Der

Welpe muss erst herausfinden, wie er seinen Besitzer dazu bewegt, die Tür ins Freie zu öffnen. Das Gleiche gilt natürlich auch umgekehrt. Der Mensch muss genauso lernen, wie der Kleine signalisiert, dass er rausmuss.

Auch das Alleinbleiben fällt in der ersten Zeit noch sehr schwer. Der neue Mitbewohner muss in kleinen Schritten zuverlässig lernen, dass seine Rudelmitglieder tatsächlich immer wieder rechtzeitig zurückkehren und seine Verlustangst unberechtigt ist. Vertrauen und Zuverlässigkeit muss sich aufbauen! Macht man sich aber klar, dass ein vom Menschen völlig abhängiges Rudeltier eingezogen ist, kann man vieles besser interpretieren und einschätzen. Manchmal ist es hilfreich, die Dinge aus Hundesicht zu betrachten, um verstehen zu können!

Der Tagesablauf

Der Tagesablauf eines Welpen besteht in erster Linie aus schlafen. Daneben wird gefressen und gespielt. Welpen kennen kein Maß, wenn es um Bewegung oder Fressen geht. Daher sollte beides gut gesteuert werden. Eine kontrollierte, restriktive Fütterung ist wichtig, damit der Welpe langsam und gesund aufwachsen kann. Seine Endgröße ist genetisch fixiert, das heißt, viel Futter macht am Ende keinen größeren Hund, sondern führt ausschließlich dazu, dass der Hund mit dem Risiko von Gesundheitsschäden zu schnell groß wird.

Dogge im Fahrradanhänger?
Zur Schonung der Gelenke wird der Welpe
(hier 12 Wochen alt) zum Gassigehen gefahren.

Auch die tägliche Bewegung des Welpen sollte nur sehr vorsichtig gesteigert werden, da sich das Skelettsystem im Wachstum befindet und sehr empfindlich ist. Die Regel »Fünf Minuten Bewegung am Stück pro Lebensmonat« ist häufig schwer einzuhalten, aber man sollte sich dessen immer bewusst sein und häufiger am Tag kurze Gassigänge planen. Überforderung, ob physisch oder psychisch, ist in diesem Alter besonders riskant!

Regeln und Grenzen

In den ersten Tagen müssen Regeln zum gegenseitigen Verständnis eingeführt und ein gemeinsames »Vokabular« erarbeitet

werden. In den ersten 8 bis 12 Wochen hat die Mutter die Erziehung übernommen und zusammen mit den Geschwistern Regeln und Grenzen aufgestellt. Der Züchter hat in dieser Zeit mit einer guten Sozialisierung der Welpen begonnen. Jetzt ist es an den Besitzern, diese Bereiche verantwortungsvoll zu übernehmen, um den Weg zum harmonischen Zusammenleben, auch im Kontext mit der Gesellschaft, zu ebnen.

Was bedeutet das konkret? Unerwünschtes Verhalten muss immer konsequent und zeitgenau unterbrochen oder ignoriert und erwünschtes Verhalten immer konsequent bestärkt werden. Konsequenz ist dabei das Zauberwort!

Wenn die schicken Sandalen keinen Zahnabdruck bekommen sollen, dürfen auch die alten Sneakers nicht zum Zerkauen freigegeben werden. Da gibt es kein Wenn und Aber, sondern nur ein konsequentes *Nein*. In dieser Zeit kann es deshalb schon mal vorkommen, dass unser Vierbeiner glaubt, sein Name wäre *Lass es* oder *Nein*. Apropos Hundename: Es sollte strikt darauf geachtet werden, dass beim Unterbrechen eines unerwünschten Verhaltens der Name des Hundes nicht eingesetzt wird. Das kann zu einer negativen Verknüpfung des Namens führen, was langfristig fatal wäre.

Nein – Fein

Das Erste, was ein Welpe lernen muss, ist die Bedeutung von *Nein*.
Dieses Kommando muss unmittelbar dann gegeben werden, wenn der Hund ein unerwünschtes Verhalten zeigt.

- Ein ernst gemeintes, nicht wütendes oder böses, sondern strenges Nein reicht zur Unterbrechung vollkommen aus.

- Wird das Verhalten unterbrochen, wird sofort gelobt, um dieses erwünschte Verhalten des Unterlassens mit einem hohen, freundlichen Fein zu bestärken.

- Ist das Verhalten des Besitzers bei erwünschtem sowie unerwünschtem Verhalten konsequent und zuverlässig, lernt der Hund sehr schnell, was erlaubt und was verboten ist.

Gefahren durch Steckdosen, Elektrokabel oder giftige Pflanzen können durch konsequentes Training verlässlich vermieden und Dinge, die einem wichtig sind, vor Zerstörung bewahrt werden.

Stubenreinheit

Stubenreinheit hängt maßgeblich von der Aufmerksamkeit des Besitzers ab. Welpen zeigen an, wenn sie rausmüssen. Der eine fiept, der andere läuft unkoordiniert herum oder im Kreis, der nächste geht zur Haus- oder Terrassentür. Das gilt es zu beobachten und schnell zu reagieren!

Die Hinterlassenschaften in der Wohnung werden kommentarlos entfernt und das nächste Mal wird einfach besser aufgepasst! Archaische Methoden, wie die Hundeschnauze in die Exkremente drücken oder den Hund im Genick packen und schütteln sind kontraproduktiv! Sie führen nicht zur Stubenreinheit, sondern zu Angst vor dem Besitzer und einem Vertrauensbruch.

Anfangs muss der Welpe auch nachts raus. Am besten platziert man den Welpen in einem großen Karton, der oben geöffnet ist, oder in der dem Welpen schon bekannten Hundebox neben dem Bett des Besitzers. So bekommt man rechtzeitig mit, wann der Welpe muss. Schläft er nachts in einem anderen Zimmer oder einer anderen Etage, überhört man die wichtigen Anzeigesignale. Dann kommt der Kleine in schwere Not und Stress, weil er sein »Nest« ja eigentlich nicht verschmutzen möchte.

Stubenrein

Stubenreinheit ist nicht angeboren.

- Als Regel gilt: Nach dem Spielen, nach dem Fressen, nach dem Schlafen wird der Hund raus ins Grüne getragen.

- Ruhig abwarten, bis der Welpe Kot oder Urin abgesetzt hat. Dann wird er mit freundlicher Stimme und einem Leckerli belohnt, wodurch sein Verhalten positiv bestärkt wird.

- Passiert dennoch ein Missgeschick, wird nicht geschimpft oder bestraft! Der Welpe wird sofort hochgenommen und raus ins Grüne gesetzt. Dann heißt es wieder warten, bis nochmals Urin oder Kot abgesetzt wird, worauf ein freudiges und überschwängliches Loben erfolgen sollte.

Fürs Leben lernen – die geistige Entwicklung

In den ersten 3 bis 4 Monaten eines Hundelebens spricht man von der Sozialisierungsphase des Hundes. Es handelt sich um eine sensible Zeit, während der sich das Gehirn des Hundes intensiv entwickelt und deshalb besonders aufnahmefähig ist. Zu dieser Zeit kommt es zu einer starken Vernetzung durch Bildung zahlreicher Synapsen (neuronalen Verknüpfungen). Eine kurzzeitige Überproduktion dieser Synapsen in der sensiblen Phase ermöglicht das besonders schnelle Erlernen verschiedenster Verhaltensweisen, auch als Reaktion auf bestimmte Reize. Im weiteren Leben werden die nicht benötigten Synapsen wieder abgebaut und die benötigten vorhandenen Neuronenverbindungen intensiviert. Daher ist ein Maximum an positiven Erfahrungen in diesem Lebensabschnitt ausschlaggebend für die zukünftige kognitive Leistung des Hundes, auch im Zusammenleben mit uns Menschen und der Gesellschaft. Alle in diesem Lebensabschnitt gemachten Erfahrungen stellen einen Referenzwert für das weitere Leben dar, sodass spätere Begegnungen und Situationen mit diesen Erfahrungen verglichen und dann dem Referenzwert entsprechend reagiert werden kann.

Das Sammeln von positiven Erfahrungen ist also extrem wichtig. Junge Hunde sollten daher mit Menschen sowie Artgenossen

unterschiedlichen Aussehens, Verhaltens und unterschiedlicher Größe positiven Kontakt haben. Ebenso natürlich auch mit anderen Tierarten wie Katzen, Pferden, Kühen, Hühnern, Enten u. v. a. m. Und natürlich steckt zudem die Umwelt voll unbekannter Dinge, die kennengelernt werden müssen.

Welpenspielgruppen

Haushaltsgeräte, Fahrzeuge, öffentliche Verkehrsmittel, Treppen, Brücken, Geräusche und unterschiedliche Bodenbeschaffenheit – all das müssen Welpen erst kennenlernen und positiv verarbeiten. Welpenspielgruppen vermitteln genau das und bieten zusätzlich zur Sozialisierung die Möglichkeit des kontrollierten Spiels mit anderen, gleichaltrigen Artgenossen, was für das Erlernen einer guten sozialen Kompetenz unerlässlich ist. Spielerisch werden hierbei der höfliche Umgang mit Artgenossen und eine gute Beißhemmung (siehe Kasten Seite 29) erlernt. Erstes Üben einfacher Kommandos wie *Sitz* und *Hier* findet außerdem statt. Eine professionelle Welpenspielgruppe ist dadurch gekennzeichnet, dass die Anzahl der Welpen begrenzt ist. Nicht mehr als fünf bis maximal sechs Welpen pro Trainer. Die Treffen sollten auf einem gesicherten Gelände mit unterschiedlichen visuellen, akustischen und taktilen Eindrücken stattfinden. Als vorteilhaft für das weitere Leben und vor

Beißhemmung

Die Beißhemmung ist nicht, wie oft behauptet, angeboren, sondern wird durch sozialen Kontakt im Spiel erlernt. Setzt der Welpe die kleinen, spitzen Zähne des Welpengebisses zu heftig und unkontrolliert ein, bricht der Spielgefährte das Spiel mit einem hohen, lauten Quietschen ab. So lernt der Welpe, dass ein zu festes Zubeißen das lustige Spiel beendet. Das nächste Mal wird er besser aufpassen! Nach und nach lernt der Welpe, wie fest das Gebiss eingesetzt werden darf, damit der Spaß weitergeht. Das kann man sich auch als Mensch zunutze machen. Beißt der Hund im Spiel zu fest zu, wird ein spitzer Schrei ausgestoßen und das Spiel konsequent abgebrochen.

allem für die zukünftigen Tierarztbesuche erweist sich ein ergänzend wahrgenommenes Indoor-Spielen in einer Tierarztpraxis (siehe Seite 112). Dabei werden die spezifischen Gerüche einer Tierarztpraxis positiv mit Spielen verknüpft. Geruchseindrücke werden im Gegensatz zu anderen Sinneswahrnehmungen sofort als emotionale Erinnerung im Gehirn gespeichert, ohne dass zuvor ein bewusstes Wahrnehmen stattfinden muss! Das Spielen sollte kontrolliert und ohne Signale von Angst oder Stress stattfinden. Werden diese Verhaltenssignale gezeigt, muss der Trainer eingreifen. Die Besitzer werden beim Welpenspielen im Erkennen von Körpersprache und Mimik der Hunde geschult, um kritische Situationen auch im alltäglichen Leben erkennen und regeln zu können, bevor es zu einer Eskalation oder dem Erlernen negativer Verhaltensweisen kommt.

Als Welpenbesitzer sollte man sich ausgiebig über die Trainingsmethoden der Hundeschule informieren, um auf Strafe basierende Methoden auszuschließen und negative Erfahrungen für den Kleinen zu vermeiden. Da der Begriff »Hundetrainer« keine geschützte Berufsbezeichnung ist, ist es wichtig, die Aus- und Fortbildung des Trainers kritisch zu hinterfragen! Nehmen Sie mal vor Einzug Ihres Welpen an einer Schnupperstunde (ohne Hund) in der Hundeschule Ihrer Wahl teil, um einen ersten Eindruck zu gewinnen und nachfragen zu können!

Fakten-Check

Unten stehend finden Sie die richtigen Antworten

1. *Welche Vorfahren haben Hunde?*

a ☐ Coyoten

b ☐ Füchse

c ☐ Wölfe

2. *Der Abschluss einer Hundehaftpflicht-versicherung ist in manchen Bundesländern ...*

a ☐ freiwillig.

b ☐ verpflichtend.

c ☐ hängt von der Rasse ab.

3. *Verfügen alle Hunde über die gleichen Eigenschaften?*

a ☐ Ja, alle Hunde sind grund-sätzlich gleich.

b ☐ Verschiedene Rassen unterscheiden sich nur durch Äußerlichkeiten.

c ☐ Je nach Rasse sind die Eigen-schaften unterschiedlich.

4. *Mischlingshunde sind gesundheitlich robuster als Rassehunde – stimmt das?*

a ☐ Ja, das stimmt.

b ☐ Robuster und gesünder sind Mischlingshunde nicht.

c ☐ Rassehunde sind gesünder und robuster.

5. *Wie erlernt der Welpe eine zuverlässige Beißhemmung?*

a ☐ Muss er nicht lernen, weil die Beißhemmung angeboren ist.

b ☐ Indem man das Spiel abbricht und laut »Au« ruft.

c ☐ Man gibt ihm ein Leckerli.

6. *Wie erzieht man Welpen zur Stubenreinheit?*

a ☐ Der Welpe wird ausführlich geschimpft, wenn er in die Wohnung macht.

b ☐ Man gibt dem Welpen weniger zu trinken und zu fressen.

c ☐ Immer nach dem Spielen, nach dem Fressen, nach dem Schlafen wird der Hund ins Grüne getragen, damit er sich lösen kann.

7. *Welche Aussage ist – bzgl. der Entwicklungs-phasen von Welpen – falsch?*

a ☐ Erfahrungen in der Sozialisierungs-phase stellen die Basis für späteres Verhalten dar.

b ☐ In der neonatalen Phase sind Welpen zur vollständigen Wärmeregulation in der Lage.

c ☐ In der neonatalen Phase kann der Welpe weder hören noch sehen.

8. *Wenn man sich für einen Hund entscheidet, muss man sich sicher sein,*

a ☐ dass er langfristig zu den eigenen Lebensumständen passt.

b ☐ dass er einen Garten zur Verfügung hat.

c ☐ dass man ihn von einem Züchter kauft, der für die Gesundheit garantieren kann.

Antworten:
1c, 2b, 3c, 4b, 5b, 6c, 7b, 8a

Kapitel 2

Familie mit Hund

Bei Ihnen zieht ein Welpe ein? Herzlichen Glückwunsch!
Ihr Leben wird fortan fröhlicher und reicher, und Sie werden
viele Menschen kennenlernen, die den Kleinen unendlich süß
finden. Aber es wird auch Momente geben, in denen Sie diese
Entscheidung für kurze Zeit hinterfragen. Vielleicht, beispielsweise, wenn Sie nachts frierend im Garten stehen und sich über
eine riesige Pinkelpfütze freuen sollen. Trotz allem: Genießen
Sie die Welpenzeit! Sie ist rückblickend so kurz und geht
viel zu schnell vorbei.

Es macht sehr viel Spaß, so einen Welpen heranwachsen zu sehen. Doch nach den ersten schlaflosen Nächten führt die anfängliche Euphorie schnell zu einer Ernüchterung. Denn das erste Jahr mit einem jungen Hund ist vor allem eins: anstrengend! Alle paar Stunden, auch nachts, vor die Türe gehen, damit der Kleine sich erleichtern kann, stellt man sich theoretisch nicht so aufwendig und vor allem nicht so anstrengend vor. Durchwachte Nächte und verschlafene Tage kennt man vielleicht von den eigenen Kindern – und bei Hundebabys ist es nicht viel anders. Die Sehnsucht nach dem »alten« Familienleben taucht auf und wird doch gleich nach dem Blick in treue Hundeaugen mit einem schlechten Gewissen quittiert. Schnell wird klar: Das Leben mit einem Welpen stellt alles auf den Kopf.

Ein Mensch mit Hund ist noch kein Hundemensch!

Alte Gewohnheiten und lieb gewonnene Dinge werden im Zusammenleben mit einem Welpen relativ; und alles, was man sich im bisherigen Leben so zurechtgelegt hat, auch die besten Vorsätze, stellt er erst einmal infrage. Ständig Essigwasser zur Hand zu haben, um die Hinterlassenschaften des Kleinen inklusive Schmutz und Geruch zu entfernen, wird rasch lästig. Kontinuierliches Lob und Verbot zum Aufbau von Regeln und Grenzen ist anstrengend. Aber vor allem ist dem Kleinen nichts heilig. Warum auch? Er versteht noch nicht, warum man Zähne nicht an Couchecken und herumstehenden Schuhen ausprobieren darf. Woher soll er wissen, dass man in der Not nicht auf den Teppich pieseln darf und die Nahrung des Menschen für ihn tabu ist?

»Menschen sind ja sooo zimperlich!«

»Die erste Nacht habe ich im Schlafzimmer meiner Besitzer verbracht. Ein riesiger Karton war mein neuer Schlafplatz. Er war weich mit Decken ausgestattet und natürlich lag auch mein mitgebrachtes, beruhigend duftendes Hundetuch obenauf. Und es gab ein Kuscheltier, das ich erst einmal herumschleudern musste.

Unsere erste Nacht war etwas unruhig. Schon bald drückte meine Blase und weil ich meinen Hundeplatz nicht verschmutzen wollte, aber auch nicht aus dem hohen Karton springen konnte, hatte ich ein echtes Problem. Ich fing in meiner Not an zu winseln. Nach kurzer Verzögerung wurde ich tatsächlich, umständlicherweise auf dem Arm, hektisch über den Aufzug nach draußen transportiert und in die schon bekannte Wiese gesetzt. Oh, das war wirklich höchste Zeit! Meine neue »Freundin« lobte mich wieder überschwänglich und ich hätte gern noch eine Runde gespielt …
Aber sie brachte mich zurück in meinen Schlafkarton, da nutzte kein Quengeln.

Die nächsten Tage waren für mich ziemlich verwirrend: Häufig bekam ich ein ernstes *Nein* zu hören, wenn ich meine Zähne (z. B. an Schuhen) ausprobierte, oder wenn ich mir ein Plätzchen zum Entleeren meiner voller Blase suchen wollte. Kurzfristig glaubte ich, mein Name sei *Nein* und nicht Finnley, aber dazu später mehr.

Lob und Leckerlis bekam ich fürs Hinsetzen oder Anschauen. Das schien die Menschen sehr zu freuen. Zusätzlich gab es dann immer irgendetwas Tolles, was ich, trotz Suche, sonst nie in meinem Napf entdeckte.

Beim Spiel war mein neues Rudel allerdings genauso empfindlich wie meine Geschwister! Auch sie quietschten, wenn ich scheinbar zu fest gebissen habe. Diese Menschen sind soooo zimperlich! Ich muss vorsichtiger sein, sonst ist der Spaß schnell vorbei …«

Schritt für Schritt ins Alltagsleben mit Hund

Der Tagesablauf mit dem jungen Hund muss genau geplant und seinen Bedürfnissen angepasst werden. Dazu gehört viermal tägliches Füttern zu relativ festen Zeiten. Auch wenn es beschwerlich ist, sollte man Welpen entweder überall mit hinnehmen können oder alles so organisieren, dass stets jemand bei ihm zu Hause ist. Eine gute Planung ist eine Sache; die Akzeptanz solcher Einschränkungen bei allen Familienmitgliedern, die deshalb zurückstecken müssen, eine ganz andere.

Hunde sind Gewohnheitstiere – sie brauchen Wiederholungen, Verlässlichkeit und Kontinuität. So lernen sie in kleinen, zeitlich beschränkten Einheiten, dass z. B. Alleinesein okay ist, weil man sich darauf verlassen kann, dass der Mensch »gleich« zurückkommt. Kleine funktionierende Trainingsschritte führen zum Ziel. Halten Sie sich dabei stets vor Augen, dass die für Sie entstehenden Einschränkungen nur von kurzer Dauer sind. Ist nach einiger Zeit das Stubenreinheitstraining erfolgreich gelungen (siehe Seite 26f.), pendelt sich ein Tagesrhythmus ein, der Ihnen wieder mehr Spielraum lässt. Dann allerdings gehen die Erziehung und das tägliche Training los. Mit viel Geduld und ohne physischen oder psychischen Druck sollten die ersten Kommandos spielerisch oder sogar zufällig trainiert werden.

Beiläufiges Lernen: *Sitz*

Setzt sich der Hund z. B. brav und schaut uns erwartungsvoll an, zeigen wir ihm zeitgleich das dazugehörige Handzeichen, wie den erhobenen Zeigefinger. Zudem wird er mit hoher, freundlicher Stimme für dieses positive Verhalten gelobt. Wird dieses zufällig gezeigte Verhalten über viele Wiederholungen mit diesem Sichtsignal (Zeigefinger) bewusst durch uns verbunden, lernt der Hund langfristig, sich auf den erhobenen Zeigefinger hin zu setzen.

So kann schon ohne große Anstrengungen ein gutes Fundament für zukünftige Kommandos geschaffen werden. Genauso kann natürlich dieses »zufällige Lernen« für andere positive Verhaltensweisen wie *Sich-Hinlegen* oder sich *Ins-Hundekörbchen-Legen* mit den entsprechenden Sicht- oder Stimmsignalen übernommen werden. Auch beim Kommando *Hier* für den Rückruf lässt sich dieses Vorgehen einsetzen: Immer wenn der Welpe in Richtung Besitzer stürmt, wird ein freudiges *Hier* gerufen und der Welpe mit offenen Armen empfangen. Die Ankunft wird mit Leckerli oder einem kurzen Spiel bestärkt, sodass sich das Herkommen für den Welpen wirklich lohnt.

Ein Rückruf lässt sich gerade im Welpenalter aufgrund des natürlichen Folgetriebs sozusagen nebenbei trainieren. Parallel dazu muss nun auch in kurzen Trainingseinheiten gezielt Kommunikation aufgebaut und es müssen alltagstaugliche Kommandos erlernt werden.

Erstes Training

- Zügeln Sie Ihren Ehrgeiz und üben Sie in kleinen Schritten. Mit hohen Ansprüchen sind Welpen überfordert.

- Beenden Sie jede Übung mit einem Erfolgserlebnis für den Hund! Auch dann, wenn Sie sich eigentlich mehr erhofft hatten. Frei nach dem Motto »Aufhören, wenn es am schönsten ist bzw. am besten läuft!«.

- Trainieren Sie zunächst ohne Ablenkung, also am besten in den eigenen vier Wänden. Welpen sind empfänglich für Ablenkung und können sich ohnehin nur kurz konzentrieren.

- Streuen Sie in den Alltag mit dem Hundebaby immer wieder kleine, spielerische Übungslektionen ein. Kleine, häufig wiederholte Lernhäppchen werden besser verarbeitet und gespeichert!

- Welpen haben keine Selbsteinschätzung und übernehmen sich oft! Lernen Sie Ihren Hund einzuschätzen und vermeiden Sie Überforderung!

Sitz, Platz, Bleib, Hier und *Fuß* sind Grund-regeln, die jeder Hund beherrschen sollte, damit der alltägliche Wahnsinn für Hund und Besitzer, aber auch für den Rest der Gesellschaft stressfrei zu bewältigen ist. Das hört sich leicht an, ist es aber in der Regel nicht immer. Beim Üben oder Ein-fordern der Kommandos muss die Situation durch den Menschen genau geplant und überlegt werden. Was ist sinnvoll, ohne den Hund zu überfordern? Ist die Übung simpel genug? Wie hoch ist die Ablenkung in diesem Moment? Kann der Hund über-haupt leisten, was von ihm verlangt wird?

Sitz – Platz – Bleib

Diese drei Kommandos gehören zum Grundgehorsam!

Sitz:
• Rufen Sie Ihren Hund beim Namen, um seine Aufmerksamkeit zu erlangen.

• Das Leckerli halten Sie zwischen Daumen und Mittelfinger. Der Zeigefinger zeigt als dazugehöriges Handzeichen nach oben.

• Hält man nun das Leckerli über den Kopf des Hundes und bewegt es ein wenig nach hinten, bewegt sich das Hinterteil des Hundes durch das Überstrecken des Halses automatisch nach unten, ohne dass der Hund auch nur angefasst werden muss.

• Sobald der Hund sitzt, wird er überschwäng-lich gelobt und mit dem Leckerli belohnt.

• Setzt sich der Hund auf Handzeichen, kann das Stimmsignal *Sitz* eingebaut werden. Die-ses muss kurz (eine knappe Sekunde) und vor dem Handzeichen »erhobener Zeigefinger« ge-sagt werden, damit eine Verknüpfung mit dem Handzeichen und dem Verhalten stattfindet.

Tipp: Wird das Stimmsignal zeitgleich mit dem Handzeichen gesetzt, wird es vom stärker wirkenden Handzeichen überschattet und ohne Verknüpfung unwirksam.

Platz:

• Rufen Sie Ihren Hund mit seinem Namen, um seine Aufmerksamkeit zu erlangen.

• Das Leckerli halten Sie mit dem Daumen am Handteller fest. Die mit der Handfläche nach unten gehaltene Hand ist das Handzeichen für das *Platz*-Kommando.

• Die Hand wird an der Brust des Hundes nach unten und am Boden entlang nach vorne bewegt, sodass der Hund mit seiner Nase dem Leckerli folgt. Der Hund beugt sich nach unten und nach vorne, um an das Leckerli zu kommen. Er legt sich hin.

Tipp: *Sitz* und *Platz* können als getrennte Kommandos trainiert werden oder in der Abfolge (erst *Sitz*, dann *Platz*).

• Sobald der Hund liegt, wird er überschwänglich gelobt und mit einem Leckerli belohnt.

Bleib:

• Rufen Sie Ihren Hund beim Namen, um seine Aufmerksamkeit zu erlangen, und lassen Sie ihn *Sitz* oder *Platz* machen.

• Das Stimmsignal *Platz* kann hinzugefügt werden, wenn sich der Hund bereits auf Handzeichen hinlegt. Es muss kurz (eine knappe Sekunde) vor dem Handzeichen flache, nach unten zeigende Handfläche gesagt werden, damit eine Verknüpfung mit dem Handzeichen und dem Verhalten stattfindet.

• Verknüpfen Sie das Kommando *Bleib* mit dem Sichtzeichen der flachen Hand, die wie ein Stoppschild hochgehalten wird. Anfangs zum Handzeichen nur den Oberkörper ein wenig nach hinten und wieder nach vorne beugen.

• Beim nächsten Mal entfernen Sie sich mit dem dazugehörigen Handzeichen einen Schritt vom Hund weg und wieder auf ihn zu. So steigert man in den Übungsabschnitten Schritt für Schritt die Entfernung zum Hund.

• Klappt das gut, dann entfernen Sie sich einige Schritte vom Hund oder gehen später sogar um ihn herum.

• Bleibt er brav in seiner Sitz- oder Platz-Position, wird er mit einem Leckerli belohnt, bevor das Kommando aufgelöst wird.

• Anfangs den Hund immer abholen und nicht abrufen. So reduziert man die Anspannung beim Hund, bis er gelernt hat, wie die Übung funktioniert.

Tipp: Beenden Sie Kommandos immer mit einem Auflösesignal wie *Okay, Lauf* oder *Frei*. So weiß der Hund, wann die Übung beendet ist bzw. wie lange er sie ausführen muss.

http://www.tierverhaltensmedizin.de/html/hundefuehrerschein.html

Ein Beispiel: Den jungen Hund vor dem Bäcker mit *Platz* und *Bleib* »abzulegen«, ist hohe Schule. Sprechen Passanten den Hund an, wird er garantiert aufstehen und die gesamte Übung war sinnlos. Nicht der Besitzer, sondern der Hund hat in diesem Fall das Kommando *Platz* und *Bleib* abgebrochen. Dadurch verliert das Kommando letztendlich an Bedeutung.

Die Alternative: Hätte der Hund ausschließlich angeleint warten müssen, hätte er gelernt, dass sein Partner Mensch wiederkommt und er für sein positives Verhalten, nämlich das Warten, gelobt wird.

Hundeschule – ja, nein, vielleicht?

Seitdem sich Hundetrainer auf allen TV-Kanälen tummeln, steht die Erziehung in einer Hundeschule (wieder) hoch im Kurs. Das ist gut, denn für die Erziehung eines Hundes ist eine professionelle Unterstützung immer hilfreich. Hier können Hund und Mensch unter fachkundiger Aufsicht und gemeinsam mit anderen Hund-Mensch-Teams in gestellten Situationen gesellschaftsfähigen Grundgehorsam erlernen. Dieser muss dann vom Hundebesitzer im Alltag unter zunehmender Ablenkung geübt und gefestigt werden.

Was bedeutet das konkret? Hunde lernen vieles kontextbezogen, das heißt, was das Team auf dem Hundeplatz kann, kann es ohne Übung noch lange nicht im Alltag.

Der Hundetrainer kann nur qualifiziert vermitteln, wie Training richtig läuft. Das eigentliche Lernen und Festigen des Erlernten findet aber im Alltag statt.

Nun erwecken Hundetrainer aus Film und Fernsehen oft den Eindruck, Hundeerziehung sei ein *Kinderspiel*. Ein neuer Befehl, ein richtiges Hilfsmittel, und schon Minuten später ist das lästige Verhalten abgelegt und der Hund gehorcht aufs Wort. Dass zwischen Problem und Lösung allerdings oft wochenlanges Spezialtraining liegt, erfährt der Zuschauer nicht. Die fernsehgerechte Aufbereitung des Trainingserfolgs suggeriert, dass man nur die richtige Hundeschule braucht, und schon geht alles wie von selbst.

Dem ist definitiv nicht so – Hundetraining ist Arbeit, jeden Tag und immer wieder. Wichtig ist es, eine qualifizierte Hundeschule zu finden, die Zertifizierung, Fachkunde oder zumindest wissenschaftlich fundierte Weiterbildung nachweisen kann. Sie muss mit positiver Verstärkung arbeiten und darf keine tierschutzrelevanten, aversiven Methoden wie Leinenruck, Schläge oder Sidekicks anwenden. Auch negative Hilfsmittel, die einer Bestrafung dienen, wie Stachelhalsband, Elektro- bzw. Sprühhalsband, Schmerz verursachende Erziehungsgeschirre oder Wurfketten sollten von einer Hundeschule weder empfohlen noch eingesetzt werden. Im Gegenteil: Der Spaß an der Teamarbeit muss im Vordergrund stehen. Sowohl der Mensch als auch der Hund sollten sich auf die Trainingsstunden freuen und von den gemeinsamen Übungen mit ihrem Trainer profitieren.

Anspringen

Das Anspringen ist eine lästige Marotte, die vielleicht beim jungen Hund noch ganz niedlich ist, aber beim ausgewachsenen Hund mitunter umwerfende Konsequenzen hat. Dass das Anspringen nicht erwünscht ist, muss also trainiert werden. Aber warum tun Hunde das überhaupt?

Der Hintergrund: Welpen lecken an den Mundwinkeln des Muttertiers, um Futterwürgen auszulösen. Dieses »kindliche« Verhalten dient in einem anderem Kontext aber auch der Beschwichtigung. Das Hochspringen lässt sich aus diesem Verhalten ableiten. Der Welpe versucht, an die menschlichen »Lefzen« zu kommen. Die Hand reicht dabei als Ersatz aus. Durch positive, aber auch negative Aufmerksamkeit im Welpenalter wird dieses Verhalten häufig verstärkt.

Anspringen

- Springt der Welpe hoch, dreht man sich kommentarlos, aber konsequent weg oder tritt einen Schritt vom Welpen zurück, damit dieser ins Leere springt.

- Nach einiger Zeit wird sich der Kleine irritiert setzen. Jetzt ist schnelles Handeln gefragt, just in time: Innerhalb von höchstens 2 Sekunden muss dieses Verhalten gelobt und bestärkt werden.

- Der Welpe lernt schnell, dass Hochspringen zu nichts führt, sich setzen aber profitabel ist.

Da jedes Hund-Mensch-Team individuell ist, sollte im Training auf jedes Team persönlich eingegangen werden. Um dies gewährleisten zu können, dürfen die Gruppen logischerweise nicht zu groß sein. Neben den Übungen sollte immer Zeit für Fragen sein, die klären, wie Konflikte und Konfrontationen zwischen Hund und Mensch, Hund und Gesellschaft, Hund und Hund sowie Hund und anderen Tierarten gelöst und vermieden werden können.

Am Ende eines Junghundekurses ist der Hund noch lange nicht perfekt erzogen. Es ist jedoch ein Grundstein gelegt. Lernen durch konsequentes Üben braucht seine Zeit.

Hierarchie oder Demokratie?

Beim Zusammenleben mit dem Hund gerät die Demokratie an ihre Grenzen. Fakt ist: Hunde sind Rudeltiere, die in einer mehr oder weniger hierarchischen Struktur besser zurechtkommen als in einer demokratischen. Um das zu verstehen, ist ein kurzer Exkurs in das Thema Rangordnung nötig:

Die Rangordnung ist von Team zu Team unterschiedlich rigide und sehr individuell. Für alle Mensch-Hund-Beziehungen gilt jedoch, dass die Rangordnung nicht von körperlicher Stärke oder Gewalt abhängt, sondern von der Verwaltung wichtiger Ressourcen wie Nahrung und Wasser, wichtiger Plätze und sozialer Kontakte.

Als Rudelchef Mensch hat man das Privileg, über Ressourcen zu entscheiden, dadurch aber auch die Aufgabe, Verantwortung zu übernehmen und dem Hund Zuverlässigkeit und Sicherheit zu bieten. Der rangniedrige Vierbeiner kann so Verantwortung im Alltag abgeben und erhält das Gefühl von Sicherheit durch seinen ranghohen Menschen.

Das erleichtert den Alltag des Hundes sehr und reduziert den Stress enorm. Die wichtigen Ressourcen muss sich der Hund durch positives Verhalten erarbeiten. Auch für Hunde gilt: Nichts im Leben ist umsonst! Rudelführer hingegen sind ihrerseits souverän und müssen sich nicht durch aggressives, angsteinflößendes Verhalten Respekt verschaffen.

Wie sieht das praktisch im Alltag aus?

• Bevor der Hund sich am Futternapf bedienen darf, muss er beispielsweise ein vom Besitzer eingefordertes *Sitz* leisten.

• Streichel- oder Spieleinheiten werden durch den Menschen begonnen und beendet. Fordert der Hund Sie zum Spielen oder Kuscheln auf, wird das ignoriert.

• Ruheplätze werden vom Besitzer für den Hund festgelegt – freie Platzwahl gibt es nicht. Das Körbchen ist okay – die Ledercouch tabu!

• Wer zu Besuch kommen darf, entscheidet der Mensch und nicht der Hund an der Tür.

Um die Rangordnung zu verstehen, braucht der Hund konsequent eingehaltene, klare Regeln und routinierte Abläufe. Diese genügen zur Klarstellung der Positionen.

Spaß oder Drill?

Die meisten Menschen schaffen sich einen Hund mit dem Wunsch an, das eigene Leben zu bereichern, Spaß zu haben, gemeinsam Abenteuer zu erleben und durch dick

und dünn zu gehen! Doch bis es so weit ist, kommt es natürlich zu Auseinandersetzungen, Diskussionen, infragestellen, nochmals Klarstellen und ständigem Festigen. Wie eben im richtigen Leben!

Es gibt verschiedene Formen des Lernens. Man unterscheidet: Gewöhnung, Sensibilisierung, klassische und operante Konditionierung.

Gewöhnung

Ein Hundebaby ist in vielerlei Hinsicht
wie frisch gefallener Schnee. Alles, was
für uns quasi selbstverständlich ist, muss
vom Welpen erst erfahren werden.
An Reize, die unbedeutend sind und ohne
Reaktion verlaufen, gewöhnt man sich im
Laufe der Zeit. Für uns ist das vielleicht
die tickende Wanduhr, für den Hund unter
anderem das Rauschen der Spülmaschine.
Er erfährt mit der Zeit, dass davon keine
Gefahr ausgeht. Die anfängliche Neugier
weicht der Gewöhnung. Die Spülmaschine
wird durch die vielen Wiederholungen
schnell als normal bis unbedeutend
eingestuft.

Sensibilisierung

Bei der Sensibilisierung handelt es sich
um Reize, die zu Erregung und Stress führen.
Die Reaktion darauf ist unangemessen stark.
Langfristig kommt es nicht zur Gewöhnung,
sondern zu einer kontinuierlichen Zunahme
der Reaktionen. Ein Beispiel: An normalen
Tagen hören wir das Ticken der Wanduhr
gar nicht mehr, an anderen Tagen, wenn es
uns vielleicht ohnehin nicht so gut geht,
treibt uns das leise Ticken in den Wahnsinn. Beim Hund ist es ähnlich: Hat er
Stress und kommen dann noch unerwartete
Reize hinzu, kann das zu einer Überreak-
tion führen. Was zur Folge hat, dass er

beispielsweise besonders empfindlich auf
alltägliche Umweltgeräusche reagiert.

Klassische Konditionierung

Dabei kommt es zu der Verknüpfung zweier
zeitlich sehr nahe (ein bis zwei Sekunden)
liegender Reize, die zu einem unbeding-
ten, das heißt nicht bewusst steuerbaren,
Verhalten (i. d. R. ein Reflex) oder einer
Emotion führen. Das bekannteste Beispiel
ist der Versuch von *Pavlov*. Er verknüpfte
das neutrale Geräusch einer Glocke mit
Futter, das reflektiv zum Speichelfluss beim
Hund führte. Durch die zeitnahe Paarung
von Glocke und Futter konnte nach einigen
Wiederholungen allein durch den Klang der
Glocke der Speichelfluss ausgelöst werden.
Klassische Konditionierung kann man sich
auch im Alltag zunutze machen, z. B. beim
Lobwort! Auch hier findet klassische Konditionierung statt, indem zur Bestätigung
positiven Verhaltens das zunächst unbedeu-
tende Lobwort *Fein* mit Leckerlis assoziiert
wird und so, nach erfolgreicher Assoziation,
auch alleine zum positiven Gefühl und zur
Bestätigung führt.

Operante Konditionierung

Bei der operanten oder instrumentellen
Konditionierung kommt es zur Verknüpfung
zwischen Reiz und einem bestimmten Verhalten, das dann eine bestimmte Umweltre-

aktion nach sich zieht. Sollte sich das Verhalten als lohnend erweisen, wird es langfristig häufiger gezeigt. Umgekehrt wird Verhalten, das nicht zum Erfolg führt, langfristig nicht mehr eingesetzt. So führt konsequentes Belohnen von erwünschtem Verhalten dazu, dass dieses häufiger gezeigt wird. Das konsequente Ignorieren von unerwünschtem Verhalten hingegen führt dazu, dass das unerwünschte Verhalten langfristig wegen der Erfolglosigkeit eingestellt wird.

Ein Beispiel: Nehmen Sie ein Leckerli in die Hand. Schaut der Hund auf die Hand, in der es steckt, passiert nichts, die Hand bleibt geschlossen. Schaut der Hund stattdessen Sie an, bekommt der Hund das Leckerli aus der Hand.

Was lernt der Hund? Schau ich meinen Besitzer an, gibt's Leckerli! Schau ich das Leckerli an, gibt's nichts!

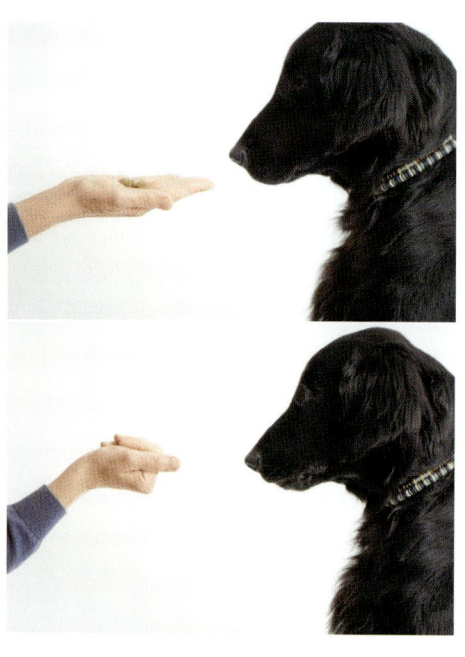

Bei konsequenter Umsetzung führt dies dazu, dass der Hund das profitable Verhalten (auf den Besitzer zu schauen) häufiger einsetzt und das unprofitable Verhalten (auf das Leckerli zu schauen) langfristig einstellt!

Elemente hündischer Erziehung

Die meisten Kommandos in der Hundeerziehung werden über operante Konditionierung erlernt. Das heißt, ein bestimmtes Verhalten auf einen Reiz führt zu einer entsprechenden positiven oder negativen Konsequenz. Das bedeutet, dass ein bestimmtes Verhalten häufiger oder eben seltener gezeigt wird.

Die parallel entstehenden Emotionen aus den positiven oder negativen Konsequenzen, sprich ein gutes oder schlechtes Gefühl, gehören dann jedoch zur klassischen Konditionierung. Der Mensch kann das Hundeverhalten über Verstärkung und Bestrafung bei der Erziehung also gezielt beeinflussen.

Verstärken und Strafen

Durch positives Verstärken bestimmter Verhaltensweisen lernt der Hund über Motivation und Erfolg, was von ihm verlangt wird und welches Verhalten das richtige ist. Die Bindung und das Vertrauen auf dem Weg zu einem harmonischen Team werden gefördert, und der Hund lernt angstfrei und freudig alles Wichtige für ein angenehmes Zusammenleben.

Der Hund braucht eine konsequente Führung und keine harte Hand. Eine harte Hand, die den Hund über Handgreiflichkeiten und Gewalt trainiert, um ihm zu zeigen, wer das Sagen hat, führt langfristig zu einer Beziehung, die auf Angst basiert. Im Gegensatz dazu führt eine konsequente Hand zu Verlässlichkeit und einem hohen Maß an Sicherheit, die angstbedingtes Unterordnen unnötig machen.

Zwar kann Strafe kurzfristig zu schnellem Erfolg führen, aber langfristig birgt sie mehr Nachteile als Vorteile. Durch Strafe leidet das Vertrauensverhältnis zum Partner Mensch, weil der Hund seinen Besitzer dann mit Schreck, Schmerzen, Leiden und Angst verbindet. Um falsches Verhalten tatsächlich mit Strafe zu regulieren, müsste Strafe mit sehr genauem Timing und einer Härte, die das Verhalten zuverlässig unterbricht, immer

eingesetzt werden, wenn der Hund etwas falsch macht. Das funktioniert nur ganz selten. Aus Unsicherheit und Angst kann sich hierbei Angstaggression entwickeln. Ein ernst zu nehmendes Risiko dabei ist, dass der Hund lernt: Unangenehme Situationen werden durch aggressives Verhalten vermeidbar. Langfristig erweist sich Aggression dann als profitabel und wird häufiger auch in einem anderem Kontext gezeigt. Es entsteht eine erlernte Aggression.

Auch die Verknüpfung der Strafe mit Dingen des Alltags wie Radlern, Joggern oder Kindern, die genau beim Einsatz der Strafe zufälligerweise zeitgleich vorbeikommen, ist ein Risiko. Durch die u. U. zeitliche Verknüpfung – klassische Konditionierung – kann es zu aggressivem Verhalten gegenüber diesen Alltagsdingen kommen, da die Strafe mit diesen neutralen »Objekten« verknüpft wird, die eigentlich nicht bedrohlich sind.

Besser ist deshalb ein freundlicher, aber respektvoller Umgang, bei dem gewisse Spielregeln im Zusammenleben klar definiert und verlässlich eingehalten werden.

Mal positiv – mal negativ

Elemente des Lernens sind Verstärkung und Strafe, wobei beides positiv und negativ eingesetzt werden kann.

Positive Verstärkung

Dabei wird richtiges Verhalten mit etwas Angenehmem verknüpft.

Beispiel Leinenführigkeit: Der Hund geht brav an durchhängender Leine und bekommt dafür ein Leckerli!

Negative Verstärkung

Dabei wird bei richtigem Verhalten etwas Unangenehmes entfernt.

Beispiel Leinenführigkeit: Der Hund zieht an der Leine, das Zughalsband zieht sich ohne Stopp zusammen. Gibt der Hund nach und die Leine hängt durch, lässt auch der Schmerz durch das Halsband nach, weil es sich wieder weitet. Der Hund lernt: Gehen an durchhängender Leine entfernt den Schmerz durch die gespannte Leine.

Positive Strafe

Dabei wird bei unerwünschtem Verhalten etwas Unangenehmes hinzugefügt.

Beispiel Leinenführigkeit: Der Hund zieht an der Leine und der Mensch reagiert auf dieses Verhalten mit schmerzendem Leinenruck oder mit einem schmerzenden Sidekick.

Negative Strafe

Dabei wird bei unerwünschtem Verhalten etwas Angenehmes entfernt.

Beispiel Leinenführigkeit: Um den Hund am Leineziehen zu hindern, geht man rückwärts, um ihn an dem für ihn positiven Vorankommen zum angestrebten Ziel zu hindern. Langfristig wird der Hund aufmerksamer darauf achten, wohin sein Besitzer geht.

Da Hundeerziehung einen verlässlichen Partner zum Ziel hat, sollte man auf positive Strafe und negative Verstärkung verzichten und unbedingt positive Verstärkung sowie negative Strafe einsetzen. Praktisch bedeutet es, dass ein Hundetraining über Angenehmes funktioniert, das sich der Hund durch sein Verhalten entweder erarbeitet oder das ihm durch sein Verhalten eben auch entzogen werden kann.

Druck vermeiden

Zu großer Druck oder Härte führen zu Über-forderung und Frustration (siehe erlernte Aggression, Seite 45/108). Doch was bedeutet »Druck machen« aus Hundesicht? Schon ein leichtes Nach-Vorne-Beugen zum Hund reicht aus, um dem Kommando *Sitz* Nachdruck zu verleihen. Dem Hund wird über Körpersprache der Ernst der Lage klar. Allerdings muss jetzt das Timing stimmen! Setzt sich der Hund, muss man den Druck sofort wieder herausneh-men und den Oberkörper aufrichten, damit der Hund lernt, was von ihm erwartet wird.

In diesem Beispiel entsteht der Eindruck, dass dem Hund doch gar nichts Unangeneh-mes zugefügt wird. Bei genauem Hinschauen handelt es sich aber um den Einsatz ne-gativer Verstärkung (= die Entfernung von Unangenehmem bei richtigem Verhalten), die beim Welpen eben möglichst nicht einge-setzt werden sollte. Andere, stärkeren Druck auslösende Mittel sind: Das Auf-den-Hund-

Zugehen, ein Drohen mit der Hand oder mit Gegenständen und auch das »Drohfixieren« (dem Hund fest in die Augen schauen).

Dieses Verhalten löst beim Vierbeiner ebenfalls Angst und Verunsicherung aus und kann zu ei-ner defensiven Aggression führen. Ist das Ver-trauen einmal dahin, sind solche Hunde eine schwer einschätzbare Gefahr für den Menschen.

Stress! Das nach Vorne beugen erzeugt Stress beim Hund, der mit beschwichtigender Geste – über die Schnauze lecken – versucht, die Situation konfliktfrei zu regeln.

Erlerntes festigen

Sowohl der Welpe als auch der Junghund lernen rasant schnell und neue Kommandos sind zügig beigebracht. Häufig entsteht der Eindruck, dass der Hund in kürzester Zeit alle für das Zusammenleben entscheidenden

Dinge schon beherrscht. Doch normalerweise sitzen die Kommandos noch nicht zuver-lässig. Nur durch ständiges Wiederholen wird das Erlernte vom Kurzzeitgedächtnis ins Langzeitgedächtnis des Hundes übertragen. Auch beim erwachsenen Hund ist es wichtig, stets weiterzutrainieren und immer wieder Übungen im Alltag zu machen, damit nichts in Vergessenheit gerät.

Fazit: Lieber mehrmals täglich kurze, erfolgreiche Trainingseinheiten durchführen, als nur einmal täglich lange zu üben, was zu Überforderung und Frustration führt. Gerade die Grundkommandos kann man spielerisch in den Alltag einbauen. *Sitz* und *Bleib* kann für das Verstecken von Leckerli im Haus oder auf der Wiese genutzt werden. Das Kommando *Platz* kann um ein *Down* erweitert werden, was bedeutet, dass der Hund seinen Kopf auf dem Boden ablegen muss.

Hunde lernen ein Leben lang!

Lernen findet immer statt, ein Leben lang, in jeder Situation! Dabei werden, je nach Gegebenheit, positive und negative Dinge erlernt. Da Hunde über Assoziation, also Verknüpfung, lernen, muss man in vielen Situationen darauf achten, keine ungewollten Verknüpfungen herzustellen.

Lebenslanges Lernen heißt aber auch, dass nicht nur in jeder Lebenssituation, sondern auch in jedem Lebensabschnitt gelernt werden kann. Um die Vitalität zu fördern, ist es sogar zwingend notwendig, den älteren Hund, individuell angemessen, physisch und psychisch zu fördern und zu fordern. Gerade die mentale Beschäftigung bietet dem älteren Hund Alternativen, trotz körperlicher Einschränkungen, zufrieden und ausgeglichen zu sein.

Die Adoleszenz

Die Zeit der Adoleszenz oder auch Jugend-entwicklung liegt zwischen Welpen- und Erwachsenenzeit. Sie beginnt mit 4 bis 5 Monaten und umfasst sowohl die Puber-tät als auch Wachstum und Entwicklung sowie die geistige Ausreifung zum er-wachsenen Hund. Mit ungefähr 7 bis 14 Monaten beginnt die Pubertät bei Hun-den, die mit der Geschlechtsreife endet.

Die Adoleszenzphase bei Hunden ist eine schwierige Zeit, in der die Besitzer nochmals intensiv gefordert sind. Häufig entsteht der Eindruck, dass die Kommunikation Hund – Mensch wegen »Baustelle geschlossen« verhindert wird. Die Baustelle befindet sich zu dieser Zeit im Gehirn: Hirnareale, die

für Gefühle verantwortlich sind, reagieren jetzt besonders emotional. Zudem ist nun auch der Stresshormonspiegel sehr hoch. Die Hunde sind daher unaufmerksam, abgelenkt und schnell überfordert, testen nochmals ihre Grenzen aus und zeigen oft unbe-gründete Ängste oder sogar Aggression.

»Verstehen die mich überhaupt?«

»Einige Monate lebe ich nun schon bei meiner Familie und wir kommen echt gut miteinander aus – meistens jedenfalls. Ich verstehe jetzt viele Situationen bes-ser, weil sie sich wiederholen. Ich kann mich auf vieles verlassen! Ich habe ge-lernt, wie ich heiße, dass mein Name nicht *Nein*, sondern Finnley ist, und dass

Nein ›verboten‹ heißt. Dass *Fein*, auch wenn es sich wie *Nein* anhört, freundlich gemeint ist und wegen des damit verbun-denen Leckerlis ein gutes Gefühl macht.

Meine Menschen wirken dabei auch nie bedrohlich, ihre hohe Stimme ist freund-lich. Das menschliche Zähneblecken hat mich anfangs sehr beunruhigt, aber auch verwirrt. Inzwischen weiß ich, dass dieses Lachen bei den Menschen Freude bedeutet. Manchmal probiere ich es auch selbst aus! Viele finden es lustig, manche erschrecken sich komischerweise, wenn ich ›Zähne‹ zeige, obwohl ich total entspannt bin.

Ab und zu geraten wir, meine Menschen und ich, auch aneinander, wenn ich mich bei *Platz* nicht gleich hinlege oder beim Rückruf zögerlich bin. Aber ganz ehrlich, manchmal verstehe ich es einfach nicht. Kann da nicht auch mal ein Kunststück wie Schäm dich! oder *Sitz* statt *Platz* weiterhelfen? Letztendlich schau ich weg oder beginne retriever-mäßig zu flirten. Dann verstehen sie meist, lassen nach und fordern etwas Einfaches. Ich möchte ja gefallen, aber es jedem recht zu machen ist manchmal nicht so einfach!«

Vieles des bereits Erlernten ist plötzlich vergessen und von heut auf morgen steht man wieder am Anfang, obwohl man all die Wochen davor so hart an der Kommuni-kation gearbeitet hat. Tröstlich dabei ist, dass es sich dabei nur um eine begrenz-te Zeit handelt, die auf alle Fälle vorbei geht. Lässt man sich während dieser Zeit nicht frustrieren und bleibt konsequent am Ball, klappen all die intensiv trainier-ten Kommandos bald wieder wunderbar.

Sensible Phase
Mit ungefähr 8 bis 9 Monaten (bei manchen Hunden etwas früher oder auch später) kom-men die Hunde in eine zweite sensible Phase (erste sensible Phase siehe Seite 27). Die Hunde haben plötzlich erneut Angst vor schon bekannten Dingen des Alltags.

In dieser Zeit muss vermehrt darauf geach-tet werden, dass der Hund nochmals viele positive Begegnungen hat und Negatives möglichst vermieden wird. Alle in dieser Zeit gemachten guten Erfahrungen werden besonders intensiv wahrgenommen, verar-beitet und nachhaltiger gespeichert. Die negativen hingegen können unverhältnismä-ßig schnell zu Verhaltensproblemen führen.

Alltag mit dem Hund

Ein Hund braucht einen geregelten Tagesablauf. Er muss sich z. B. darauf verlassen können, zu bestimmten Zeiten sein Futter zu bekommen. Ein zweimaliges Füttern, z. B. vormittags und abends, gibt dem Hund das Vertrauen, sich um sein Futter nicht sorgen zu müssen.

Auch Auszeiten, in denen der Hund lernt, dass es nicht um ihn geht, sind im Zusammenleben wichtig. Nur so kann er zur Ruhe kommen, weil er sich darauf verlassen kann, in dieser Zeit nichts zu verpassen. Auch der Hundebesitzer kann dann entspannt seinen sonstigen Tätigkeiten ohne Hund nachkommen.

Bloß keine Langeweile

Neben den Auszeiten und der Befriedigung natürlicher Bedürfnisse empfinden Hunde durchaus Langeweile. Körperliche und geistige Beschäftigung sind also ganz wichtig: Gemeinsame Spaziergänge, bei denen gespielt, getobt, aber auch »gearbeitet« wird, sind ideal. Unterwegs kann man die Grundkommandos intensivieren und, je nach Rasse, den Hund individuell fordern. Ziel ist es, dass der Hund anschließend wieder ruht und das Arbeiten des Besitzers nicht boykottiert. Deshalb müssen Gassizeiten durch Wechsel

der Örtlichkeiten und in den Spaziergang integrierte kleine Übungen interessant gestaltet werden. Er kann auf Baumstämmen balancieren, Gegenstände apportieren oder versteckte Leckerlis suchen (siehe Seite 48)

Schlussendlich braucht der Hund auch körperliche Nähe, die man durch festgelegte Kuschelzeiten, z. B. am Feierabend, erreichen kann und die Mensch und Hund entspannen.

Alleine bleiben

Jedem Hundebesitzer ist klar, dass der Hund auch mal alleine bleiben muss. Das kann er aber nur in kleinen Schritten lernen. Dem Hund als Rudeltier fällt diese Lektion nicht leicht! Doch aufgrund seiner hohen Anpassungsfähigkeit kann er lernen, dass es okay ist, kurze Zeiten alleine zu verbringen, ohne dass deswegen die Welt zusammenbricht!

Alleine bleiben

- Beginnen Sie damit, den Raum kommentarlos zu verlassen, die Türe zu schließen und ebenso kommentarlos rasch wieder zurückzukommen.

- Bewältigt der Hund das ohne große Aufregung, kann man sich mal vor die Haustüre wagen, um den Müll runterzubringen oder den Briefkasten zu leeren.

- Erträgt er auch das mit Gelassenheit, können die Zeiten schrittweise verlängert werden!

Fazit: Auch wenn der Hund gelernt hat, alleine zu bleiben, ist es unverantwortlich, ihn täglich, z. B. während der Besitzer zur Arbeit geht, stundenlang in der Wohnung zurückzulassen!

Wichtig ist, dem Hund weder beim Weggehen noch beim Zurückkommen Aufmerksamkeit zu schenken, um der Situation keine große Bedeutung zu verleihen. Natürlich freut sich der Hund, wenn Sie zurückkommen, und das zu ignorieren ist schwer, aber gelobt und geschmust wird erst, wenn der Hund sich wieder beruhigt hat.

Erstaunlicherweise können Hunde meist sehr schnell im Auto alleine bleiben und warten, weil getankt und gezahlt oder kurz eingekauft werden muss. Durch die kurzen Einheiten lernt der Hund sehr schnell, dass es völlig normal ist, im Auto zu warten, und dass Frauchen oder Herrchen relativ bald wieder zurückkommen!

Mein Zuhause!

Das Verteidigen des Territoriums (des Zuhauses) ist bei manchen Rassen sehr ausgeprägt. Daher sollte man sich schon bei der Auswahl der Rasse Gedanken darüber machen, ob man territoriales Verhalten im persönlichen Alltag haben möchte. Gerade Hof- und Schutzhunde wie *Spitz* und *Hovawart*, auch *Pinscher*, *Schnauzer* oder *Deutscher Schäferhund*, um nur einige zu nennen, verbellen Fremde gerne intensiv. Selbst der *Chihuahua*, der durch seine geringe Körpergröße ja zu den Gesellschafts- und Begleithunden zählt, sich aber durch ein lebhaftes, ruheloses, mutiges und vor allem wachsames Wesen auszeichnet, sollte von Fremden nicht unterschätzt werden.

»Ich belle, also bin ich!«

»Ich habe festgestellt, dass meine Menschen unterschiedlich sind. Prinzipiell gelten dieselben Regeln, aber kleine Unterschiede gibt es schon. Schnell habe ich herausgefunden, dass ich beim Bellen sofort Aufmerksamkeit bekomme. Nicht immer freundliches Feedback, aber ich kann sie damit gut manipulieren, weil das Bellen sie aus dem Takt bringt. Vor allem, wenn sie gerade am Telefon sind und eigentlich keine Zeit für mich haben. Dann wird geschimpft, aber manchmal eben auch mal gestreichelt. Super! Inzwischen allerdings muss ich beim kleinsten *Wuff* kommentarlos vor die Tür. Auch das kurze weitere Bellen führt dann zu nichts! Bin ich dagegen ruhig und brav, streicheln sie mich jetzt während der Telefonate! Das ist besser!«

Das Verbellen von Fremden kann allerdings auch erlernt werden, wenn der Besitzer es durch Aufmerksamkeit oder sogar Bestätigung verstärkt. Manche Hunde bellen auch aus Angst oder Langeweile. Durch konsequente Erziehung muss eine Beziehung aufgebaut werden, in der der Besitzer Entscheidungen für Hund und Mensch trifft.

Dazu gehört auch die Beurteilung, ob ein Gast willkommen ist oder nicht bzw. wer am Gartenzaun entlanggehen darf. Der Hund orientiert sich in der Regel durch kurzen Blickkontakt an seinem Menschen, um herauszufinden, was der gemeinsame Plan in der momentanen Situation ist.

Lass es!

Ein Abbruchsignal ist in vielen Alltagssituationen hilfreich, daher ist es sinnvoll, das Signal schon frühzeitig zu trainieren. Der Hund lernt über Frustration, was richtig oder falsch ist.

- Dem Hund wird ein Leckerli hingehalten. Versucht der Hund, es zu bekommen, schließt sich die Hand mit dem Leckerli und dem Kommando *Lass es!*

- Das wird so oft wiederholt, bis der Hund »frustriert« ein Alternativverhalten zeigt, etwa wegschaut oder, besser noch, den Besitzer anschaut.

- Dafür erhält der Hund sofort ein noch besseres Leckerli aus der anderen Hand. So lernt er, auf das Kommando *Lass es* etwas Interessantes aufzugeben und für das Alternativverhalten *Anschauen* etwas Besseres vom Besitzer zu erhalten.

http://www.tierverhaltensmedizin.de/html/hundefuehrerschein.html

Bellen zu regulieren ist schwierig: Bei Passanten oder dem Paradebeispiel Postbote hat der Hund, aus seiner Sicht, mit seinem territorialen Verhalten immer Erfolg. Passanten gehen ohnehin weiter und auch der Postbote verlässt den Grund und Boden nach Posteinwurf immer zuverlässig. Die Verhaltensweisen der Menschen werden vom Hund mit dem von ihm gezeigten Verhalten, also dem Bellen, verknüpft, als positiver Erfolg verbucht und deshalb beim nächsten Mal erneut erfolgreich (!) eingesetzt.

Bellen

Im Zusammenleben mit dem Menschen lernen Hunde schnell, durch Bellen Aufmerksamkeit zu erzeugen.

- Da reicht dem Hund ein Blick oder ein »Was hast du denn ...?« als erfolgreiche Antwort auf sein Bellen.

- Selbst wenn der Hund für sein Bellen geschimpft wird, hat er sein Ziel erreicht: Aufmerksamkeit, auch negative, genügt als Bestätigung.

- Wird das Verhalten von Anfang an konsequent ignoriert, wird der Hund schnell begreifen, dass Bellen nicht den gewünschten Erfolg bringt.

- Um dies zu erreichen, ist es wichtig, schon beim Welpen erstes Bellen zu ignorieren, auch wenn man es beim Kleinen noch lustig findet.

Wer klopft an der Tür?

Das Klingeln an der Tür signalisiert dem Hund, dass gleich etwas Tolles passiert. Er muss allerdings lernen abzuwarten, bis er die Erlaubnis erhält, den Besuch zu begrüßen. Erst dann darf er vorsichtig Kontakt aufnehmen. Sehr erregte Hunde sollten vom Besuch ignoriert werden, bis sich die Aufregung gelegt hat und der Hund ein positives, ruhiges Verhalten zeigt. Jetzt wird er hundefreundlich begrüßt.

- Für den Hund sind freundliche Gesten zur Kontaktaufnahme: ein freundliches Ansprechen, In-die-Hocke-Gehen oder Ein-wenig-zur-Seite-Wegdrehen, um nicht bedrohlich zu wirken sowie das Fallenlassen oder Hinhalten von Leckerli.

- Wird der Hund so begrüßt und sein ruhiges Verhalten bestärkt, jegliche Erregung jedoch konsequent ignoriert, lernt er schnell, sich richtig zu verhalten, wenn Besuch kommt.

- Um die Aufregung durch das Türklingeln nach und nach abzubauen, sollte man häufig klingeln oder klingeln lassen, ohne dass jemand kommt oder etwas passiert!

Andere Haustiere akzeptieren

Am besten sozialisiert man schon den Welpen auf alle Tiere, mit denen er es in seinem späteren Leben zu tun haben wird. Mit viel positiver Verstärkung wird in der Sozialisierungsphase entweder Desinteresse oder ein freundlicher, vorsichtiger Umgang mit den artfremden Tieren geübt.

Auch der ältere Hund kann an ein Zusammenleben mit Kaninchen und Co. gewöhnt werden, indem man positive Konditionierung einsetzt. Es dauert vielleicht ein bisschen länger als beim Welpen, aber unmöglich ist es nicht.

Spielgefährte Hund?

Was gibt es Schöneres als das gemeinsame Aufwachsen von Kind und Hund? Damit dabei niemand zu Schaden kommt, muss das Zusammenleben in der Familie gut organisiert und geregelt werden.

- Interaktionen zwischen Hund und Kind dürfen nie unbeaufsichtigt stattfinden. Notwendig ist immer ein Erwachsener, der darauf achtet, dass nichts passiert, z. B. aufgrund von Missverständnissen.

- Beide Seiten müssen früh lernen, dass es Tabuzonen, Auszeiten und Umgangsformen gibt, die es zu respektieren gilt.

- So ist es dem Hund nicht erlaubt, das Kinderspielzeug zu zerkauen; aber auch die Kinder müssen wissen, dass man dem Hund Dinge nicht einfach nur wegnimmt, sondern eventuell mit einem Tauschangebot freundlich »fragt«.

- Zieht sich der Hund nach dem Fressen, Spielen oder Gassigehen auf seinen Hundeplatz zurück, darf er dort nicht gestört werden, auch wenn die Verlockung groß ist.

- Im gemeinsamen Umgang ist Höflichkeit wichtig. Daher müssen Kinder lernen, ihre Hände richtig einzusetzen, und der Hund muss lernen, seine Zähne zu kontrollieren. Da darf nicht gekniffen und an Ohren oder Rute gezogen werden, und die Zähne des Hundes müssen am Hundespielzeug bleiben und dürfen nicht an menschlicher Haut eingesetzt werden.

- Wichtig: Der Hund empfindet das Streicheln über den Kopf und Rücken oder eine liebevolle Umarmung als eine Bedrohung und ein Zeichen von Dominanz. Besser ist es deshalb, den Kindern beizubringen, den Hund an der Brust oder seitlich am Kopf zu streicheln, auch wenn uns Menschen das gefährlicher zu sein scheint.

Gute Laune ist ansteckend – schlechte Laune auch

Die Stimmungsübertragung auf Tiere ist enorm. Einerseits kann man sich das im Hundetraining klar zunutze machen, indem man dem Hund in schwierigen Situationen Souveränität und Entspannung vermittelt.

Andererseits steht einem die persönliche Stimmung im Training mit dem Hund oftmals im Weg, da sich eben auch die eigene Unsicherheit und Nervosität auf den Hund überträgt und komplizierte Situationen zusätzlich erschweren.

Beispiel: Der Hund zeigt aggressives Verhalten bei Artgenossen. Meist vermeidet man dann jeglichen Kontakt zu anderen Hunden. Spaziergänge werden anstrengend, weil die Umgebung gescannt und jeder Hund, der auftaucht, stressauslösend wirkt. Man wird hektisch, die Herzfrequenz erhöht sich, die Hände fangen vielleicht an zu schwitzen, auf den Hund wird tröstend, schimpfend oder panisch eingeredet. Der Hund wiederum orientiert sich durch kurzen Blickkontakt am Besitzer, was los ist. Dort erhält er aber nicht die entspannten, souveränen Signale, die ihn sicher durch die Situation führen können. Deshalb reagiert auch er gestresst, angespannt und regelt die Situation u. U. unangemessen.

Beim täglichen Hundetraining müssen die persönlichen Befindlichkeiten unbedingt berücksichtigt werden. Ist man genervt oder gestresst, verhält sich auch der Hund anders als gewollt. Überforderung und Frustration sind das Ergebnis. Der Hund zeigt Beschwichtigungssignale (siehe Seite 66ff.) wie das Wegschauen oder ein für den Besitzer unverständliches plötzliches Schnuppern am Wegesrand, um die Situation zu entschärfen. Dies wird vom Menschen häufig missverstanden und fälschlicherweise als unkooperativ und ungehorsam wahrgenommen.

Entspannt trainieren

Damit Erfolg garantiert ist, sollte nur bei entspannter Stimmung und guter Laune trainiert werden! Immer daran denken: Der Hund ist wie ein vorgehaltener Spiegel! Zeigt der Hund Ungehorsam, Stresssignale oder Beschwichtigungsversuche, muss die eigene Haltung überprüft werden!

Fakten-Check

1. *Was versteht man unter Sensibilisierung?*

a ❒ Der Hund lernt, bestimmte Reize zu ignorieren.

b ❒ Der Hund zeigt verstärkte Reaktion auf einen bestimmten Reiz.

c ❒ Der Hund wird einfühlsamer.

2. *Wie nimmt man »hundefreundlich« Kontakt zu Vierbeinern auf?*

a ❒ Man beugt sich über das Tier und streichelt es am Kopf.

b ❒ Man wirft ihm aus sicherer Distanz zuerst ein Leckerli zu.

c ❒ Man geht in die Hocke, bietet die Hand zum Beschnuppern und streichelt den Hund dann an der Brust.

3. *Wie lernen Hunde am besten?*

a ❒ Durch negative Belohnung und positive Strafe.

b ❒ Durch positive Belohnung und negative Strafe.

c ❒ Immer nach dem Fressen.

4. *Was ist im Zusammenleben mit Kindern und Hunden zu beachten?*

a ❒ Gar nichts, die verstehen sich quasi automatisch.

b ❒ Der Hund braucht auf alle Fälle Rückzugsorte, wo er von Kindern nicht gestört wird.

c ❒ Hund und Kind sollten regelmäßig allein gelassen werden.

5. *Warum bellen Hunde am Gartenzaun?*

a ❒ Der Hund zeigt Jagdverhalten.

b ❒ Der Hund zeigt territoriales Verhalten.

c ❒ Der Hund mag den Gartenzaun nicht.

6. *Was versteht man unter »Drohfixieren«?*

a ❒ Dem Hund fest in die Augen schauen.

b ❒ Den Hund mit der Leine festbinden.

c ❒ Den Hund mit der Hand niederdrücken.

7. *Was versteht man unter instrumenteller Konditionierung?*

a ❒ Der Hund zeigt auf ein bestimmtes Signal ein bestimmtes Verhalten.

b ❒ Der Hund wird durch ein Leckerli motiviert, ein bestimmtes Verhalten zu zeigen.

c ❒ Beim Hund kommt es zur Verknüpfung zwischen Reiz und einem bestimmten Verhalten, das dann eine bestimmte Umweltreaktion mit sich führt.

8. *Wie sieht optimales Training aus?*

a ❒ Mehrmals täglich kurze, erfolgreiche Trainingseinheiten durchführen.

b ❒ Nur einmal täglich, aber dafür mindestens eine halbe Stunde.

c ❒ Das Training in der Hundeschule ist ausreichend.

Lösungen: 1b, 2c, 3b, 4b, 5b, 6a, 7c, 8a

Kapitel 3

Kommunikation mit und unter Hunden

Hunde sind ein Geschenk, sie geben Geborgenheit und helfen gegen Stress, machen selbstbewusst und schulen das Einfühlungsvermögen. Doch bis Welpen diese Aufgaben erfüllen können, kann es viele Missverständnisse zwischen Mensch und Hund geben. So kommunizieren die Vierbeiner beispielsweise fast ausschließlich über Körpersprache, Mimik und Gestik. Nonverbale Kommunikation ist das Stichwort. Wir Menschen dagegen haben verlernt, diese Form der Kommunikation bewusst bei uns selbst, aber auch beim Gegenüber wahrzunehmen: Wir wirken nämlich immer, die Frage ist nur, wie.

Dem Hund als Rudeltier wird häufig nachgesagt, er würde das Rudel »Familie« gern übernehmen. Ein Rudel anzuführen ist aber anstrengend und bringt – trotz mancher Rechte – viel Verantwortung mit sich. Dem Hund ist eine klare Führung durch einen souveränen Menschen, auf den er sich verlassen kann und der ihm Verantwortung abnimmt, lieber als der permanente Stress der Verantwortung für ein Rudel.

Hund und Verantwortung

Kommunikationsprobleme und fehlende Souveränität des Partners Mensch »zwingen« den Hund jedoch manchmal dazu, Situationen selbst zu regeln, da eindeutige Signale des Besitzers fehlen. Ein Hund kann Verantwortung nur dann zuverlässig abgeben, wenn der Mensch sie ganz klar übernimmt.

Ist das nicht der Fall, versucht der Hund vermeintliche Gefahren selbstständig zu klären. Das Verhaltensrepertoire, das dem Hund zur Verfügung steht, umfasst dabei im Wesentlichen vier Komponenten: *Fight* (Kampf), *Flight* (Flucht), *Freeze* (Erstarren) oder *Flirt* (Flirten).

Flirten mit Lefzen lecken – Kommunikation unter Hunden mit Hilfe sozialer Gesten.

Stellen Sie sich eine typische Situation vor: Sie haben Ihren Hund an der Leine, haben Zeitdruck und keine Ausweichmöglichkeiten. Da kommt Ihnen ein anderer Hund mit Besitzer entgegen. Aufgrund der eingeschränkten Bewegungsfreiheit durch Leine oder Besitzer scheidet für die Hunde das Verhaltensmuster *Flucht*, *Erstarren* oder notwendiges *Flirten* aus. Was übrig bleibt, ist das aggressive Verhalten (*Fight*) wie Bellen oder das Nach-vorne-Springen bis hin zum Schnappen oder Zubeißen, um Distanz zum Angst oder auch Aggression auslösenden Objekt zu schaffen.

Ist das Verhalten erfolgreich, wird es auch zukünftig wieder eingesetzt und letztendlich zur Generalisierung einer für den Hund erfolgreichen Methode führen. Für den Hund bedeutet das aber enormen Stress und stellt den Besitzer vor ein (durch ihn selbst verschuldetes und eigentlich vermeidbares) Problem. Distanzvergrößerung durch eventuellen Seitenwechsel oder Blickkontakt mit positiver Bestätigung hätte der Situation eine andere Bedeutung oder zumindest neutrale Erfahrung gegeben.

Verstehe ich meinen Hund?

In menschlichen Beziehungen hängt eine erfolgreiche Kommunikation auch vom Zuhören ab. Bei unseren Hunden jedoch ist hier ein genaues Hinsehen gefragt. Beschäftigt man sich mit dieser »Hundesprache«, bekommt das Zusammenleben eine ganz andere Qualität.

Kommunikation mit dem Menschen

Während wir Menschen in erster Linie verbal Informationen austauschen (also sprechen), basiert die Hundesprache überwiegend auf Körpersprache, Mimik und Blickkontakt.

Obwohl der Mensch sich häufig nur unbewusst der Körpersprache bedient, kann er sie zur besseren Kommunikation mit dem Hund bewusst einsetzen. Ein aufrechter Gang und ruhiges Atmen sorgen z. B. für Souveränität und schaffen durch Blickkontakt das notwenige Vertrauen, dass der Mensch Situationen für das Team zuverlässig regelt. Manchmal helfen beschwichtigende Signale wie das Wegschauen, wenn etwas »Unangenehmes« entgegenkommt, oder ein Gähnen bei Angst verursachenden Begegnungen.

Die Aussagen von Gesten und körpersprachlichem Agieren unterscheiden sich bei Hund und Mensch deutlich. So kann es immer wieder geschehen, dass der Hund uns nicht richtig versteht oder unser Verhalten »hündisch« interpretiert.

• Begrüßt ein Mensch einen Hund frontal, mit direktem Blickkontakt oder indem er sich über ihn beugt, fühlt sich unser Vierbeiner bedroht.

• Eine Umarmung empfindet der Hund – im Gegensatz zum Menschen – ebenfalls als bedrohlich. Allerdings ist es dem Hund wegen seiner guten kognitiven Anpassungsfähigkeit möglich, für ihn bedroh-

liche Gesten durch Wiederholungen verknüpft mit positiver Erfahrung durchaus
als freundliche Gesten wahrzunehmen.

• Zeigt der Hund in solchen Situationen jedoch, dass es für ihn Stress ist, sich drücken
zu lassen, und er den Rückzug antritt, um
der Situation zu entgehen, müssen diese
Signale des Hundes ernst genommen werden.

• Lächelt man den Hund z. B. an, signalisiert man ihm zunächst ein bedrohliches Zähnezeigen. Durch konsequentes Wiederholen dieser nett gemeinten
Geste lernt der Hund aber sehr schnell,
dass das Zähneblecken zwar unter
Hunden bedrohlich, beim lächelnden
Mensch aber Freundliches bedeutet.

• Ein Stressgesicht oder die zur Angst gehörige Mimik (wie das Zurücklegen der Ohren,
eingeknickte Gliedmaßen und gleichzeitig
eine in die Länge gezogene Mundspalte)
oder Signale wie ein Sich-Herauswinden
oder Knurren zur Distanzvergrößerung
müssen erkannt und akzeptiert werden.

• Je klarer und zuverlässiger der Mensch mit
seinem Hund kommuniziert und wenn es ihm
gelingt, die Gesten des Hundes richtig zu interpretieren, desto weniger Missverständnisse
oder gefährlichen Situationen wird es geben.

Vertrauen

Ein Hund, der seinem Besitzer vertraut,
weiß, dass typische menschliche Gesten
nicht bedrohlich sind. Der Mensch im Gegenzug muss seine selbst ernannten Regeln
einhalten. Situationen in Hund-Hund-
Kontakt im Alltag, mit Mensch-Hund-
Kontakt oder in bedrohlichen Situationen
müssen so geregelt werden, sodass der
Hund keinen Gefahren ausgesetzt ist und
auch nicht selbst aktiv werden muss.

In Hund-Hund-Kontakten muss der
Besitzer erkennen können, ob die Hunde freundlichen Kontakt aufnehmen,
ob gespielt, gejagt oder einer von dem
anderen womöglich gemobbt wird. Körpersignale der Angst oder Aggression
müssen erkannt werden, damit Situationen
richtig eingeschätzt und Kontakte, falls
nötig, rechtzeitig abgebrochen werden.

Das gilt auch für Begegnungen mit fremden
Menschen. Nicht jeder Hund möchte von
fremden Menschen angefasst oder auch
angesprochen werden. Vor allem kleine
Hunde reagieren häufig aggressiv, weil ein
freundliches Ansprechen meist mit einem
Über-den-Hund-Beugen oder direktem
Blickkontakt verbunden ist. Da wird schon
mal nach oben in Richtung Gesicht geschnappt, wenn kein Zurückweichen möglich

ist. Solche Umstände muss der Besitzer erkennen und rechtzeitig gegensteuern.

Das gilt auch für Begegnungen mit unbelebten Objekten. Ideal ist es, alltägliche Dinge, wie beispielsweise Abdeckplanen an Baustellen oder Traktoren auf dem Land, mit dem Hund unaufgeregt, ohne Überforderung und Stress, spielerisch zu erkunden. Also nicht gerade dann, wenn die Planen wild im Wind flattern oder der Traktor dicht an einem vorbeischeppert, sondern zunächst im »Ruhezustand« der Dinge und durch Orientierung am souveränen Besitzer. Ist dies angstfrei möglich, kann der Hund danach lernen, dass auch bei einem kleinen Windstoß oder beim Anlassen des Motors nichts Bedrohliches passiert.

Die Körpersprache des Hundes

Hunde bedienen sich neben dem olfaktorischen (Geruch), taktilen (Körperkontakt) oder akustischen (Lautäußerung) Informationsaustausch vor allem der Körpersprache zur Kommunikation. Körperstellung, Kopfhaltung, Stellung von Ohren und Rute, aber auch Ausdruck von Augen und Maul geben Auskunft über die jeweilige Situation. Der Gemütszustand lässt sich jedoch nur genau beurteilen, wenn der Hund insgesamt und das Zusammenspiel der einzelnen Segmente betrachtet wird.

Entspanntes Verhalten
Dabei sind Körper und Gesicht entspannt, die Rute wird rassetypisch getragen, die Lefzen sind geschlossen und die Ohren bewegen sich unabhängig voneinander zur Wahrnehmung von Geräuschen. Ist der Hund aufmerksam, spannen sich die Muskeln etwas an, die Ohren sind nach vorne gerichtet, der Gesichtsausdruck ist wach und die Rute kann dabei leicht wedeln.

Imponierverhalten

Hier spannen sich die Muskeln an, der Hund richtet sich auf und macht sich groß, die Gliedmaßen sind durchgestreckt und häufig werden die Haare im Nacken- und Rückenbereich (Piloerektion) aufgestellt. Die Ohren sind aufmerksam nach vorne gerichtet und der Blick ist zielgerichtet. Die Rute steht steif oder zeigt erregt wedelnd nach oben.

Drohverhalten

Beim Drohverhalten muss man zwischen offensivem und defensivem Drohen unterscheiden.
Bei offensivem Drohen ist der Rücken gerade, es kommt eventuell zu einer Piloerektion. Der Kopf ist entweder nach vorne gestreckt (Angriffstendenz) oder nach oben gerichtet (Imponiertendenz). Die Rute steht waagrecht nach hinten. Es wird Blickkontakt

Beim Drohen wird der Nasenrücken in Falten gelegt.

gehalten bzw. drohfixiert. Stirn und Nasenrücken sind gerunzelt. Der Fang ist etwas geöffnet, die Zähne werden, bei kurzer, runder Maulspalte, im vorderen Bereich gebleckt.

Beim defensiven Drohen hingegen zeigen die Hunde zwar einen gerunzelten Nasenrücken, jedoch bei nach hinten gezogenem Mundwinkel und somit langer Mundspalte. Dies führt zum Blecken der gesamten Zähne. Der Blick wird häufig bei glatter Stirn abgewendet, die Haare sind gesträubt, die Ohren nach hinten gelegt. Die Körperhaltung ist gekennzeichnet durch eingeknickte Gliedmaßen, aber auch durch häufig gezeigtes Zukehren des Hinterteils oder sogar Vorderkörper-Tiefstellung. Diese Körpersignale dürfen nicht mit einer Aufforderung zum Spiel verwechselt werden.

Demutsverhalten/Submission

Man unterscheidet zwischen aktiver und passiver Demut.
Aktive Demut wird vor allem von Welpen bei der Begrüßung oder von läufigen (heißen) Hündinnen gegenüber Rüden gezeigt. Die Körperhaltung ist hier eher geduckt, die Gliedmaßen knicken ein, die Rute wird niedrig gehalten und wedelt schnell. Der Kopf wird angehoben, die Stirn gespannt, die Ohren sind entweder mit nach unten gerichteter Ohröffnung abgespreizt oder

liegen seitlich am Kopf an. Der aktiv submissive Hund zeigt eine lange Maulspalte durch Zurückziehen der Mundwinkel, jedoch ohne die Zähne zu blecken. Mit schmalen Augen wird Blickkontakt zum Gegenüber gehalten.

Passive Demut – submissives Verhalten in Seitenlage.

Die passive Demut wird als Reaktion auf Imponier- oder Drohverhalten gezeigt. Sie ist unter anderem am Kopfabwenden zur Blickvermeidung zu erkennen. Der Hund zeigt dabei eine glatte, angespannte Kopfhaut mit sehr schmalen Augen. Auch hierbei sieht man eine lange Maulspalte mit zurückgezogenen Mundwinkeln, aber ohne Zähneblecken. Die Ohren sind extrem nach hinten gedreht und seitlich am Kopf angelegt oder auch abgespreizt und horizontal gedreht. Seiten- oder Rückenlage kann erfolgen. Die Rute wird eingeklemmt und unter den Bauch gezogen. Gewedelt wird nicht.

Spielverhalten

Wenn Hunde spielen, geht es meist recht wild zu. Die Tiere zeigen ein sogenanntes Spielgesicht. Der Blick ist in die Ferne gerichtet, die Augen werden aufgerissen und gerollt, sodass viel Weiß sichtbar wird. Undifferenziertes Maulaufreißen, aber auch Runzeln des Nasenrückens und Zähneblecken werden gezeigt. Der Kopf wird häufig wild hin- und hergeschleudert. Verschiedene Formen der Aggression, der Unterwerfung, aber auch der Begrüßung vermischen sich dabei. Übertriebene Signale bei sonst entspannter Mimik sind typisch. Die Hunde bewegen sich hopsend und es wird stark gewedelt. Eine Spielaufforderung ist beispielsweise die Vorderkörper-Tiefstellung oder das Wegdrehen des Hinterteils.

 http://www.tierverhaltensmedizin.de/html/hundefuehrerschein.html

Die Vorderkörper-Tiefstellung sagt: komm, spiel mit mir!

Beschwichtigungssignale

Konflikte entschärfen, Spannungen abbauen, sich selbst oder andere beruhigen – Darum geht es, wenn Hunde Beschwichtigungssignale zeigen. Sie sind somit gleichermaßen Stimmungsbarometer, Friedensstifter, Mittel der höflichen Kommunikation und auch Warnsignale für sich anbahnende Konflikte – und damit ganz wichtig, wenn es darum geht, Hunde zu verstehen.

Beschwichtigungssignale (oder auch *Calming Signals*) werden sowohl unter Hunden als auch gegenüber Menschen angewandt. Der Unterschied dabei ist lediglich, dass Hunde sich in dieser feinen Kommunikation sofort verstehen. Wir Menschen hingegen sind aus Hundesicht häufig begriffsstutzig und unhöflich, weil das notwendige Wissen zur Kommunikation mit dem Hund fehlt und vieles falsch verstanden wird.

Eine kleine Auswahl typischer Beschwichtigungssignale:

• Direkter Blickkontakt und Anstarren gilt unter Hunden als unhöflich bis bedrohlich. Durch Abwenden des Blicks oder sogar des gesamten Kopfes versucht der Hund, einen Konflikt zu vermeiden.

• Wenn Sie sich beim Anleinen oder im Hundetraining zu sehr über Ihren Hund beugen oder ein Besucher ihm etwas unbe-

holfen von oben auf den Kopf fasst, leckt sich der Hund ganz häufig kurz über die Schnauze. Auch so versucht der Hund zu beschwichtigen und Gefahr abzuwenden.

• Auch durch das Wegdrehen des Körpers wollen Hunde uns und die Hundekollegen beschwichtigen.

• Durch Hinsetzen oder Hinlegen macht sich der Hund kleiner und suggeriert Unterwürfigkeit. Menschlich ausgedrückt: »Ich will dir nichts – alles ist gut!« Dieses submissive Verhalten ist eine Art Friedensangebot.

• Verlangsamung von Bewegungen bis hin zum Erstarren kann helfen, Begegnungen konfliktfrei zu überstehen. Die Hunde »frieren« bei diesem Beschwichtigungssignal regelrecht ein. Dieses Verhalten wird vom Besitzer fatalerweise oft als Ungehorsam missverstanden und mit Schimpfen oder anderen Strafen quittiert, was zu verstärkter Beschwichtigung beim Hund führt, der sich nun noch langsamer nähert.

• Kann der Hund nicht ausweichen, hebt er oft die Pfote, häufig kombiniert mit dem Abwenden des Blicks oder einem kurzen Über-den-Fang-Lecken.

1) Typische Beschwichtigungssignale – Gähnen und Blinzeln. 2) Lefzen lecken als soziale Geste zur Konfliktvermeidung.
3) Züngeln als Signal »Ich will keinen Stress, aber der Kauknochen ist mein!«

- Höfliche Hunde machen einen Bogen umeinander, bevor sie sich beschnüffeln. Sie gehen nicht frontal aufeinander zu, wenn es andere Möglichkeiten der Annäherung gibt. Das Bogenlaufen zeigen Hunde auch bei uns Menschen, wenn wir bedrohlich wirken – dies wird ebenfalls häufig missverstanden und als Provokation und Ungehorsam, z. B. beim Rückruf, empfunden.

- Plötzliches Schnüffeln am Wegesrand wird oft gezeigt, wenn wir angespannt sind und z. B. ungeduldig nach unserem Hund rufen oder ihn im Training überfordern.

- Wenn Hunde oder Menschen zu nahe beieinander sind, befürchten manche Hunde einen Konflikt. Zur Vermeidung »splitten« die Vierbeiner dann, indem sie sich dazwischenstellen. So wird auch häufig gesplittet, wenn sich zwei Menschen umarmen. Dieses Verhalten der eigentlichen Konfliktvermeidung wird von uns oft als Eifersucht oder gar Dominanz fehlinterpretiert.

- Hunde gähnen genau wie wir, wenn sie müde sind! Aber: Gähnen gehört auch zu den häufig gezeigten Beschwichtigungssignalen und hat dann nichts mit Müdigkeit zu tun.

- Hunde blinzeln oder kneifen die Augen zusammen, um dem Blickkontakt auszuweichen. Meist wird dieses Verhalten in Kombination mit Kopfabwenden oder in Situationen gezeigt, in denen ein Ausweichen nicht möglich ist.

Übrigens: Ein Beschwichtigungssignal wird selten alleine gezeigt, sondern meist in Kombination verschiedener Verhaltensweisen zur Besänftigung ausgeführt.

Beschwichtigungssignale kann der Mensch nutzen, um mit seinem Hund zu kommunizieren. So kann man dem Hund beispielsweise signalisieren, dass man kritische Situation konfliktfrei für ihn klärt.

Beschwichtigungssignale selbst anwenden!

Calming Signals sind nicht nur Informationsquellen, auf die wir Menschen reagieren können. Wir können sie als wichtiges Kommunikationswerkzeug auch selbst einsetzen. Beispielsweise so:

- Begegnen Sie einem Hund, der unsicher ist oder den Ihre Gegenwart bedroht, können Sie ihn besänftigen, indem Sie nicht direkt auf ihn zugehen und ihm nicht direkt in die Augen schauen. Drehen Sie sich stattdessen ein wenig zur Seite, wenden Sie den Blick ab – und der Hund wird sich gleich besser fühlen.

- Hat Ihr Hund ein Problem mit anderen Hunden, so erleichtern Sie ihm die Begegnung mit Artgenossen, indem Sie mit Ihrem Hund gemeinsam einen Bogen schlagen. Ihr eigener Hund kann damit die Distanz schaffen, die er im Kontakt zu anderen Hunden braucht. Vom anderen Hund wird dieses Verhalten als höfliches Signal verstanden.

- In ähnlichen Situationen können Sie sich auch das »Splitten« zunutze machen, indem Sie zwischen dem eigenen und dem anderen Hund gehen und so das direkte Aneinander-Vorbeigehen erleichtern.

- Ihnen kommt ein angeleinter Hund entgegen, der offensichtlich Probleme mit Artgenossen hat? Schauen Sie entspannt seitlich nach unten, sodass Ihr Hund das beschwichtigende Signal für diese Begegnung erhält. Gemeinsam wirken Sie jetzt deeskalierend auf den entgegenkommenden Hund und tragen auf höfliche Weise dazu bei, die Situation gut zu meistern.

Aber auch im Training muss immer ganz genau beobachtet werden, welche Signale vom Hund gesendet werden. Fängt der Hund an, Beschwichtigung zu zeigen, muss klar sein, dass man den Hund bedrängt, zu viel Druck aufbaut oder ihn überfordert. Darauf muss durch Trainingsveränderung, wie z. B. einfachere Gestaltung der Übungen bis hin zum Trainingsabbruch, reagiert werden.

Tipp: Zeigt der Hund Beschwichtigung bei Überforderung, sollte man abschließend eine von dem Hund schon gut funktionierende Übung fordern, die er leicht und möglichst freudig erfüllen kann. So wird das Training für Hund und Mensch positiv beendet.

In Konfliktsituationen zeigen Hunde oft ein für uns merkwürdiges Verhalten, das so gar nicht zu der jeweiligen Situation passt. Ein behaviour out of context, wie Konrad Lorenz es in seiner Instinkttheorie beschreibt. Das heißt, es ist unangebracht und dient (in dem bestehenden Kontext) keinem wirklichen Zweck. Hunde kratzen sich in solchen Konfliktsituationen oder schütteln sich ohne ersichtlichen Grund. Beschwichtigung und Übersprunghandlung sind sehr ähnlich und häufig nur kontextbezogen klar abzugrenzen.

Das nach vorne beugen und über den Rücken streicheln wirkt auf den Welpen bedrohlich! Stressabbau durch die Übersprunghandlung »sich kratzen«.

Die Übersprunghandlung dient dem Stressabbau und entsteht zumeist im Zusammenhang von Überforderung und innerem Konflikt. Der Mensch interpretiert dies im Training häufig als Ungehorsam oder Widerwille, es geht jedoch mehr um Verständnislosigkeit. Gerade bei Kommandos, die zwar gekonnt, aber noch nicht einwandfrei gefestigt sind, entstehen solche Situationen. Vielleicht ist die Ablenkung zu stark, bei der das Kommando eingefordert wird, und der Hund versteht nicht, was von ihm verlangt wird. Es entsteht ein (innerer) Konflikt, weil er einerseits gefallen möchte, andererseits aber nicht versteht, was genau von ihm verlangt wird. Dies führt dazu, dass nach dem Abspulen des gesamten Verhaltensrepertoires nur noch eine Übersprunghandlung hilft, den entstandenen Stress abzubauen.

Wird der Besitzer dann eventuell ungehalten, ist der Einsatz einer Beschwichtigungsgeste notwendig, wie Wegschauen oder Über-die-Schnauze-Lecken, um den verärgerten Menschen zu besänftigen und eine Konfrontation zu vermeiden.

Übersprunghandlungen und Beschwichtigungsgesten sind daher nur schwer zu unterscheiden und manch eine Beschwichtigungsgeste wird als Übersprung interpretiert, weil der Mensch situationsbedingt die Notwendigkeit einer Beschwichtigung nicht erkannt hat.

Typische Übersprunghandlungen sind:
- sich kratzen
- sich schütteln
- gähnen
- Gras fressen
- hochspringen

Er will doch nur spielen

Vor allem erwachsene Hunde werden im Laufe der Zeit immer selektiver bei der Auswahl der Spielgefährten. Es wird nicht mit jedem gespielt wie in der Welpen- und Junghundezeit. Oft begnügt man sich mit einem gegenseitigen »Hallo« in Form höflicher Kontaktaufnahme: bogenförmiges Aufeinanderzugehen, Beschnuppern der Anogenitalregion und anschließendem Weitergehen. Ist der richtige Kontakt geknüpft, kann es natürlich durchaus zu einer Spielaufforderung, beispielsweise in Form von Vorderkörper-Tiefstellung, kommen (siehe Seite 65).

Häufig wird allerdings aggressives Jagen mit Spiel verwechselt, wobei die dabei gezeigten Angstsignale des Gejagten von den Besitzern weder gesehen noch frühzeitig erkannt werden. Knurren wird überhört und Dominanzgesten wie das Auflegen des Kopfes oder der Pfote auf die Schulterregion (siehe Bild rechts) des anderen Hundes werden als

Spielsequenzen falsch interpretiert. Da heißt es schon mal: »Die spielen nur!« oder »… das regeln die Hunde schon selbst«. Besser wäre es, wenn souveräne Hundebesitzer die Situation durch einen Abruf oder konsequentes Weitergehen auflösen würden. So ließe sich ein Konflikt vermeiden und die Begegnung als neutrale bis positive Erfahrung verbuchen. Sind die Hunde aber schon mitten im Konflikt, finden bereits Drohfixieren oder Beschwichtigungsgesten statt, sollte man besser nicht eingreifen. Im Gegenteil, denn dadurch droht eine Eskalation, die die Hunde alleine durch ihre feine Kommunikation vermieden hätten. Jetzt kann

man nur abwarten und den Hunden durch eigenen Richtungswechsel oder Bogen-Gehen ein Angebot machen, Konflikte zu lösen.

Begegnung mit anderen Hunden

Für den Hund ist die Begegnung mit Artgenossen nicht immer einfach. Meist darf nicht der Hund die Auswahl der Kontakte treffen, sondern der Besitzer selektiert durch seine Kontaktfreudigkeit, Gassizeiten oder Lebensumstände, wem man täglich begegnet. Die Leine schränkt zudem eine klare Kommunikation unter Hunden ungemein ein. Die Mittel der Körpersprache sind nur begrenzt einsetzbar.

Manchmal wird aber auch der Hund zur Kontaktaufnahme gezwungen, weil der Besitzer Hundekontakte gut gemeint fördern oder sich einfach gerne mit anderen Hundebesitzern unterhalten möchte. Einerseits möchte der eigene Hund nicht mit jedem fremden Hund Kontakt aufnehmen, sondern erst über Körpersprache und Mimik herausfinden, ob Hallo gesagt, gespielt oder auch Unterwerfung bzw. Dominanz gezeigt wird, andererseits braucht der Hund als soziales Wesen positive Kontakte zu Artgenossen. Die feine Kommunikation, die dazu dient herauszufinden, welche Entscheidung bei zufälligen Kontakten getroffen wird, ist jedoch nur unangeleint möglich und führt an der Leine zwangsläufig zu Problemen und Missverständnissen.

Anschauen

In schwierigen Situationen, wie z. B. bei problematischen Hund-Hund-Kontakten, ist es vorteilhaft, wenn der Hund gelernt hat, dass ein Anschauen des Besitzers profitabel ist.

- Jedes Mal, wenn der Hund zufällig herschaut, wird er mit Stimme und Leckerli belohnt.

- Schaut der Hund jetzt häufiger, kann parallel zum zufälligen Blickkontakt ein Wortkommando wie *Schau* gesagt und mit Leckerli belohnt werden.

- Langfristig kann nach einiger Zeit und Wiederholungen ein bewusstes Anschauen mit dem Kommando *Schau* eingefordert werden.

Rüpel auf vier Pfoten

Wenn angeleinte Hunde aufeinandertreffen, ist das für viele Besitzer ein unangenehmes Erlebnis, weil der eigene Hund dabei immer ausrastet. Er bellt, springt in die Leine und führt sich aus Sicht des Besitzers einfach unmöglich auf. Mit jedem negativen Erlebnis verschlechtern sich die Hund-Hund-Begegnungen und das gemeinsame Gassigehen wird zum Dauerstress. Daraufhin werden die Gassirunden immer kürzer und die Hundebesitzer neigen dazu, nur noch »sichere« Routen ohne Hundebegegnungen zu gehen.

Für Hunde ist das aber langweilig, sie sind weniger ausgelastet und haben damit immer mehr überschüssige Energie, die sie dann meist wieder in das negative Verhalten investieren. Im Gegenzug werden die Besitzer immer angespannter und sind gestresst. Angst und Unsicherheit vermittelndes Besitzerverhalten überträgt sich dabei auf den Hund. Verhaltensweisen wie das Leine-Kürzen, Langsam-Gehen, Atem-Anhalten oder In-die-Ferne-Starren entwickeln sich zunehmend zu dem Signal: Vorsicht, Gefahr!

Schnell kommt es zu einer negativen Verknüpfung mit fremden Hunden! Das nachteilige Verhalten etabliert sich und Hundekontakte verschlechtern sich von Mal zu Mal. Jetzt traut man sich auch nicht mehr, den Hund in Gegenwart anderer Hunde abzuleinen, was wiederum zu verminderter Auslastung führt. Es ist wichtig, frühzeitig gegenzusteuern und professionelle Hilfe (siehe Seite 120) in Anspruch zu nehmen!

Hundewiese

Die Hunde können spielen, die Menschen sich austauschen, alle sind zufrieden. Schön und gut und eigentlich sogar richtig! Aber meist eskaliert die Situation nach einiger Zeit, weil eben unbemerkt doch nicht so schön miteinander gespielt wird. Vielleicht kommt Langeweile bei den Hunden auf, es wird gemobbt oder das Spiel eskaliert in aggressives Verhalten. Häufig werden auch Ressourcen wie Spielzeug, Stöckchen oder auch mal ein Maulwurfshügel verteidigt, was die Situation ins Kippen bringt.

»Kommunikation – ja klar, aber wie?«

»Ich bin ein Meister der Kommunikation. Eigentlich tu ich den ganzen Tag nichts anderes. Meine Menschen verstehen mich inzwischen ganz gut, aber trotz allem gibt es ab und an Verständigungsprobleme.

Mir fällt es oft schwer, fremde Menschen richtig einzuschätzen. Warum müssen die sich so oft bedrohlich über mich beugen? Das macht mir zwar inzwischen keine Angst mehr, aber ich finde es trotzdem unhöflich. Es wäre mir lieber, wenn sie mir, statt über den Kopf zu streicheln, die Brust kraulen würden.

Da ist es mit Hunden einfacher. Die verstehen mich sofort, wenn ich mich kleinmache, wegschaue oder züngle. Allerdings kann ich nicht immer erkennen, was sie mir antworten, weil da Haare im Gesicht, Schlappohren oder fehlende Ruten die Signale verändern. Manchmal haben Hundekollegen trotz meiner klaren und freundlichen Kommunikation auch Angst vor mir. Sie runzeln die ganze Zeit die Nase und machen häufig knurrende Geräusche, sind dann am Ende aber unverständlicherweise doch freundlich. Das scheint bei denen normal zu sein, führt aber dazu, dass ich manchmal zunächst überreagiere.

Gelegentlich treffe ich auch Hunde, die grundlos permanent das Nacken- und Rückenfell aufstellen, sonst aber doch eher souverän wirken. Das erschwert die Kommunikation und stellt mich jeden Tag aufs Neue auf die Probe. Manchmal geraten Situationen auch außer Kontrolle, weil die Leine mir keine Distanzvergrößerung oder einen Wechsel der Straßenseite ermöglicht. Dann bleibt nichts anderes übrig, auch als ›Pazifist‹ auf ein aggressives Knurren zu reagieren ... Ich bin halt auch nur Hund!«

Richtiges Verhalten auf der Hundewiese

Die Besitzer werden oft von ihrem Hund beschützt. Deshalb sollte man nie einen fremden Hund unbedacht und nebenbei streicheln, ihm zu nahe kommen oder ihn füttern.

Bleiben Sie aufmerksam! Verhaltensweisen wie Ressourcen-Sichern, Andere-in-die-Flucht-Schlagen oder positives Verstärken des negativen Verhaltens, wie z. B. durch das vom Hund erhoffte Weitergehen des Besitzers, können sich manifestieren und werden dann auch in anderen Situationen gezeigt.

Achten Sie auf Überforderung! Aggressionen gegenüber Artgenossen oder auch Menschen, Angstverhalten, Unsicherheit, Aufmerksamkeit forderndes Verhalten können die Folge sein, wenn man den eigenen Hund in solchen Situationen nicht aufmerksam beobachtet und maßregelt.

Fakten-Check

1. *Kann es zu Problemen kommen, wenn zwei angeleinte Hunde sich begegnen?*

a ❐ Ja, weil die Leine die »normale« Kommunikation unter Hunden verhindert.

b ❐ Nein, weil beide Hunde durch die Leinen »gesichert« sind.

c ❐ Angeleinte Hunde interessieren sich nicht für Artgenossen.

2. *Wie reagiert man richtig, wenn sich zwei Hunde raufen?*

a ❐ Man zieht den eigenen Hund am Halsband weg.

b ❐ Ignorieren ist die beste Reaktion.

c ❐ Besitzer gehen in entgegengesetzte Richtungen. Durch das Weggehen den Hund animieren, vom Kampf abzulassen.

3. *Was sollte man auf einer Hundewiese keinesfalls tun?*

a ❐ Den Hund frei laufen lassen

b ❐ Einen fremden Hund streicheln oder füttern

c ❐ Den Hund nur an der Leine führen

4. *Wenn der Hund sich über die Schnauze leckt, ist das ein Zeichen für ...*

a ❐ Hunger.

b ❐ Durst.

c ❐ Beschwichtigung.

5. *Eine typische Spielaufforderung unter Hunden ist ...*

a ❐ die Vorderkörper-Tiefstellung.

b ❐ das Wedeln mit dem Schwanz.

c ❐ das Schütteln des Kopfes.

6. *Hunde gähnen genau wie wir, wenn sie müde sind! Aber auch,*

a ❐ um zu beschwichtigen.

b ❐ wenn sie ein schlechtes Gewissen haben.

c ❐ wenn sie sich verschluckt haben.

7. *Wie sieht beim Hund die zur Angst gehörige Mimik aus?*

a ❐ Der Hund steht starr und reckt den Kopf weit vor.

b ❐ Der Hund steht mit eingeknickten Gliedmaßen und zeigt eine lange Mundspalte.

c ❐ Der Hund hechelt hektisch und kann nicht ruhig stehen.

8. *Wie sieht eine Begrüßung unter Hunden idealerweise aus?*

a ❐ Sie legen sich gegenseitig die Pfote auf den Rücken.

b ❐ Sie knurren sich an.

c ❐ Sie gehen bogenförmig aufeinander zu und beschnuppern die Anogenitalregion.

Lösungen: 1a, 2c, 3b, 4c, 5a, 6a, 7b, 8c

Kapitel 4

Mit dem Hund in der Stadt

Wenn wir mit unserem Hund durchs ganz normale Leben gehen, quietschen neben uns völlig unerwartet Lkw-Reifen, kommt uns eine Horde ausgelassener Schulkinder entgegen oder stehen plötzlich Mülltonnen an ungewohnten Plätzen. Dass sich insbesondere junge Hunde dadurch erschrecken, ist normal und nachvollziehbar. Doch gemeinsam – auch in der Stadt – unterwegs zu sein, gehört eben auch zum Hundeleben und will deshalb trainiert sein.

Die meisten Menschen wünschen sich mit dem Hund einen Begleiter, den sie überall mit hinnehmen können. Der Hund muss dafür lernen, welches Verhalten unter verschiedenen Bedingungen gefragt und erforderlich ist. Der Besitzer allerdings ist verantwortlich und muss sich fragen, ob der Hund bestimmten Situationen überhaupt gewachsen ist und diese meistern kann bzw. wirklich meistern muss. Außerdem sollte der Hundebesitzer für ein respektvolles Miteinander in der Öffentlichkeit sorgen und allen – Hund, Gesellschaft und sich selbst – gerecht werden! Eine große Herausforderung.

»Leben in der Stadt – das ist Wahnsinn!«

»Habe ich schon erwähnt, dass ich ein Stadthund bin? Ich wohne im Zentrum einer 1,3-Millionen-Stadt und fühle mich mit meinem Rudel ziemlich wohl. Anfangs war es anstrengend: viele Gerüche, Geräusche, Menschen, Autos, Artgenossen in allen Größen, Formen und Farben. Ich habe schnell gelernt, dass ich mich immer und überall auf meine Menschen verlassen kann und sie auch Begegnungen mit Menschen und schwierigen Artgenossen erst einmal für mich regeln. Aber meist ist das sowieso nicht notwendig, weil alle hier ziemlich entspannt sind und wir Hunde normalerweise super miteinander kommunizieren.

Wir sind viel mit dem Auto, aber auch mit Straßenbahn, Bus und U-Bahn unterwegs. Die Öffentlichen sind schon eine Herausforderung! Dort ist es oft sehr eng, viele Beine, Kinderwagen, Lärm und Gerüche … Anfangs waren wir alle sehr nervös! Inzwischen weiß ich aber, dass das mit den vielen Beinen und Rädern kein Problem ist, dass niemand mir was will oder mich verletzt, auch weil mein Rudel inzwischen wesentlich entspannter ist und gut auf mich aufpasst.«

Das Multitasking-Talent Hund!

Die meisten Dinge des alltäglichen Lebens sind für den Hund eine große Herausforderung. Ganz generell kann man sagen: So wie der Mensch mit Situationen um- geht, so wird auch der Hund mit diesen zurechtkommen. Das heißt: Bleiben Sie ruhig und gelassen, zeigen Sie sich unbeeindruckt von quietschenden Reifen und dem Martinshorn des Notarztwagens, so wird auch ihr Hund diesen Herausforderungen ruhig und gelassen begegnen.

Mit allen Sinnen überfordert?

Der Hund ist in der Welt des Menschen oft mit olfaktorischen (Gerüche), akustischen (Geräuschen) oder optischen Eindrücken überfordert.

Sehen

Durch die seitlich liegenden Augen verfügt der Hund über ein Gesichtsfeld von 240 Grad. Sein Sehvermögen ist vorrangig auf Dämmerungs- und Bewegungssehen ausgelegt!

Für das optimierte Dämmerungssehen verfügt er neben den Stäbchen auf der Netzhaut über ein sogenanntes Tapetum lucidum, einer reflektierenden Schicht hinter der Netzhaut. Einfallendes Licht wird, nach Passieren der Netzhaut, vom Tapetum reflektiert und trifft dadurch ein zweites Mal auf die Stäbchen der Netzhaut, die für das Sehen von Grautönen zuständig sind.

Stillstehende Objekte werden vom Hund nur schwer bis gar nicht wahrgenommen. Wegen seiner geringen Sehschärfe ist er deshalb auf Bewegungen angewiesen! So sieht der Hund z. B. das stehende Reh erst dann, wenn es zur Flucht ansetzt. Und auch der von Weitem rufende Besitzer wird erst wahrgenommen, wenn er sich bemerkbar macht, z. B. winkt, mit den Armen rudert oder anfängt zu laufen. Dann erst rennt der Hund in die richtige Richtung.

Obwohl der Hund gut sieht, ist seine Farbwahrnehmung im Gegensatz zu uns Menschen eine andere: Die beiden Fotos zeigen in etwa, wie Hunde z. B. eine U-Bahn-Situation wahrnehmen.

Hunde sehen durchaus Farben! Allerdings haben sie eine andere Farbempfindlichkeit als der Mensch. Die Zapfen der Netzhaut, die dafür verantwortlich sind, haben beim Hund ihre höchste Farbempfindlichkeit im blauen Bereich. Im Bereich Rot und Grün ähnelt ihre Wahrnehmung Menschen mit einer Rot-Grün-Sehschwäche, die diese Farben eher bräunlich wahrnehmen (siehe Foto Seite 77).

Diese Farbempfindlichkeit muss bei der Auswahl von Spielzeug berücksichtigt werden, das paradoxerweise überwiegend rot ist. Soll der Hund das Spielzeug bei seiner Suche erkennen, sollte es blau oder gelb sein, das sieht er besser. Diese Tatsachen sollten auch beim Training berücksichtigt werden, damit der Hund erfolgreich arbeiten kann.

 http://www.tierverhaltensmedizin.de/html/hundefuehrerschein.html

Hören

Hunde hören um ein Vielfaches besser als der Mensch. Während Menschen in einem Frequenzbereich von 20 bis 20.000 Hertz hören, decken Hunde einen Bereich von 15 bis 50.000 Hertz ab, der sogar Hören im Ultraschallbereich ermöglicht.

Die enorme Beweglichkeit der Ohrmuschel ermöglicht, je nach Rasse und Erscheinungsbild, zudem eine genaue Ortung der wahrgenommenen Geräusche. Sie werden daher, vor allem im Ultraschallbereich, vom Hund bereits gehört und eingeordnet, lange bevor der Mensch auch nur eine Ahnung davon hat. Folglich ist der Hund mit einer Vielfalt von Geräuschen konfrontiert, die selektiert und verarbeitet werden müssen. Da wundert es nicht, dass der Hund nach einem Spaziergang durch die Stadt alleine wegen der Geräuschkulisse, die er neben allen anderen Eindrücken bewältigen muss, nach kurzer Zeit erschöpft ist.

Riechen

Im Gegensatz zum Menschen mit 5 Millionen Riechzellen besitzt der Hund, je nach Rasse und Größe der Schnauze, bis zu 220 Millionen Riechzellen. Dadurch ist er fähig, kleinste Geruchspartikel aufzunehmen und auszuwerten. Mit etwa 300 Atemzügen pro Minute nimmt der

Hund beim Schnüffeln unterschiedliche Geruchsinformationen wahr. Er muss mit einer Unmenge von Geruchseindrücken zurechtkommen und die für ihn wesentlichen herausfiltern. Darüber hinaus verfügt er über das Jakob'sche Organ, das sich im Gaumendach befindet und über den Bulbus olfactorius (Riechkolben, der für die Geruchswahrnehmung zuständig ist) mit dem limbischen System, einem Teil des Gehirns, das Emotionen und Motivationen steuert, verbunden ist. Dieses ist für die Wahrnehmung innerartlicher Gerüche wie den Pheromonen zuständig. Dabei wird die geruchsgeschwängerte Luft unter Speicheln bis hin zu Zähneklappern geräuschvoll eingesaugt. Über das Jakob'sche Organ durch ein Andrücken der Zunge gegen den Gaumen wird die Information direkt ins limbische System des Gehirns weitergeleitet, ohne dabei den Umweg über die Großhirnrinde zur Bewusstseinswahrnehmung zu machen. Im limbischen System angekommen, wird der Reiz zu einer Emotion verarbeitet. Vor allem Sexualphe-romone werden so an das Gehirn weitergeleitet; Rüden reagieren dann beispielsweise zähneklappernd auf läufige Hündinnen.

Geschmack

Der Geschmackssinn der Hunde ist weniger ausgeprägt als der des Menschen. Man geht aber davon aus, dass sie ebenfalls süß, salzig, sauer und bitter über Geschmackspapillen auf der Zunge schmecken und unterscheiden können. Futter wird vor dem Aufnehmen mit der Nase überprüft und erst dann »erschmeckt«.

Tasten

Hunde haben einen ausgeprägten Tastsinn. Sie nehmen Berührungen, aber auch Schmerz über die Haut und über spezielle Schmerzrezeptoren auf. Zusätzlich haben sie sogenannte Vibrissen. Dabei handelt es sich um festere, längere Haare, die vor allem im Gesichtsbereich, an Schnauze und Augen, zu finden sind. Im Unterschied zum normalen Haar sind sie in einen Haarbalg mit einem sogenannten Blutsinus eingebettet, der eine Vielzahl freier Nervenenden enthält. Dies ermöglicht ihnen eine sensible taktile Wahrnehmung, die den Schnauzen- und Augenbereich frühzeitig vor Gefahren warnt. Vibrissen dürfen daher auf keinen Fall abgeschnitten oder abrasiert werden!

Leinenführigkeit

Beim Training zur Leinenführigkeit ist Konsequenz der Schlüssel zum Erfolg.

Am besten man ruft sich den Hund freundlich heran: *Fein,* und gibt Leckerli.

- Er muss ein *Sitz* ausführen und wird mit *Fein* und Leckerli belohnt.

- Während man nun den Hund anleint, kann man z. B. *Anleinen* sagen, um aus der ganzen Sache ein Ritual zu machen, dann geht es mit dem Wort zum Auflösen des Kommandos (in diesem Fall des *Sitz*) wie *okay*, *Lauf*, oder *Frei* tatsächlich los.

- Springt der Hund in die Leine, bleibt man wie angewurzelt stehen und hält die Leine fest, ohne nachzugeben. Am besten hält man sich mit der Hand an Hosen- oder Jackentasche oder besser noch am Gürtel fest, damit die Hand tatsächlich nicht nachgibt.

- Jetzt heißt es abwarten. Solange die Leine gespannt ist, wird nicht wei-

tergegangen. Gibt der Hund (!) auch nur ein wenig nach, wodurch sich die Leine lockert, kann's weitergehen.

- Springt der Hund sofort wieder in die Leine, erfolgt der gleiche Prozess. Da kann es schon mal vorkommen, dass man für eine eigentlich sehr kurze Strecke sehr lange braucht.

 http://www.tierverhaltensmedizin.de/html/hundefuehrerschein.html

Der Hund soll lernen, dass er nur vorankommt, indem er selbst auf die lockere Leine achtet! Wird bei diesem Training auch nur einmal mit angespannter Leine weitergegangen, lernt er jedoch, dass er nur kräftig genug ziehen muss, um voranzukommen. Ein Leinenruck hat einen ähnlich negativen Effekt: Druck erzeugt Gegendruck, das Ziehen an der Leine verschlimmert sich! Zusätzlich lernt der Hund, dass von seinem Menschen mit Leine etwas Unangenehmes zu erwarten ist, was dazu führen kann, dass sich der Hund nicht mehr gerne anleinen lässt, Angst vor dem Besitzer mit Leine entwickelt oder sogar Angstaggression beim Angebot fürs Gassigehen zeigt!

Tipp:

Haben Sie einen wichtigen Termin, keine Zeit für langes Üben oder heute einfach keine Lust auf anstrengendes Training, dann machen Sie sich das signalbezogene Lernen des Hundes zunutze! Trägt der Hund ein Halsband, wird immer konsequent und ohne Ausnahme Leinenführigkeit geübt, trägt er hingegen Geschirr, darf gezogen werden, um schnell voranzukommen! Soll der Hund langfristig am Geschirr leinenführig gehen, verhält es sich umgekehrt – dann darf am Halsband gezogen und am Geschirr hingegen muss immer auf lockere Leine und konsequentes Training geachtet werden!

»Auf dem Land und in der Stadt«

»Manchmal besuche ich meinen Freund Lenny, einen Magyar Vizsla, auf dem Land. Er wohnt mit seinem Rudel in einem Haus mit Garten. Dann verbringen wir, nachdem wir zwei unkastrierte Rüden uns arrangiert haben, die meiste Zeit im Garten. Wir beobachten Passanten, die zum Missfallen unserer Menschen ab und zu verbellt werden und die wir oft, aber nicht immer, erfolgreich verjagen. Manche bleiben stehen und reden auf uns ein. Verstehen tun wir dabei nur einzelne Wörter mit wenig Bedeutung. Meist liegen wir aber in der Sonne, beobachten Ameisen und genießen die Zeit. Unsere regelmäßigen Gassizeiten fordern wir jedoch immer ein, denn die ersetzt kein Garten. Zurück in der Stadt, hat sich die Geruchslage, wie immer, verändert. Dann ist nichts mehr so, wie es war und alles muss, zum Leidwesen meiner Menschen, neu erschnuppert werden.«

Hund an Bord!

Autofahren. Das ist meist ein alltägliches Muss für Mensch und Hund! Es ist deshalb wichtig, die erste gemeinsame Fahrt möglichst komfortabel zu gestalten. Von da an muss man in kleinen Trainingsschritten weiterüben und die Autofahrten für spannende und lustige Unternehmungen nutzen und negative Situationen möglichst vermeiden. Im Laufe der Zeit entsteht dadurch eine positive Verknüpfung zum Auto.

Notwendige Hilfsmittel bei Autofahrten sind eine Autohundebox, ein TÜV-geprüftes Anschnallsystem plus dazugehöriges Geschirr oder ein Hundegitter bzw. -netz für die Sicherung des Hundes im Kofferraum, falls er darin transportiert werden soll. Achten Sie bei jungen Hunden darauf, dass diese nicht aus dem Fenster schauen können. Das Gehirn kann die schnell vorbeiziehenden Eindrücke noch nicht richtig verarbeiten. Unter Umständen wird dem Hund übel und er muss erbrechen, was von ihm mit dem zeitlich parallel stattfindenden Autofahren negativ verknüpft werden kann.

Öffentliche Verkehrsmittel. Die Benutzung öffentlicher Verkehrsmittel muss früh trainiert werden. Rolltreppen erschweren den Weg. Auch wenn man immer wieder Hunde sieht, die Rolltreppen bravourös meistern,

sollte man lieber das Treppenhaus oder den Aufzug benutzen, um auf den Bahnsteig zu kommen. Dort angekommen, muss entspannt und in ausreichender Entfernung vom einfahrenden Zug gewartet werden.

Beim Einsteigen müssen Spalten, Gitter und sonstige Hindernisse ohne Angst, eventuell unter Einsatz von Leckerli, überwunden werden. Wichtig ist, dass sicheres Gehen auf Gittern und Springen über Spalten ebenso wie das Warten auf dem Bahnsteig frühzeitig und ohne Stress geübt werden. Ein trainiertes voran -oder hintenan Laufen kann gerade beim Einsteigen hilfreich sein.

Die Qual der Platzwahl haben Hundebesitzer selten: Sie müssen dorthin, wo der Hund genügend Platz hat, um sich entspannt hinzulegen, und die Distanz zu Mitfahrern gewahrt werden kann.

Kleine Hunde können zur eigenen Sicherheit in einer Tasche, einer Box oder einem Korb »reisen«. Aber auch das muss zuvor positiv konditioniert werden, um Stress zu reduzieren. Bei sehr großen Hunden ist es schwer, einen für alle komfortablen Platz zu finden, der eine entspannte Fahrt garantiert. In manchen Städten müssen Hunde in öffentlichen Verkehrsmitteln einen Maulkorb tragen und auch bei der Deutschen Bahn ist dieser für große Hunde Pflicht.

Maulkorbtraining

Ein Maulkorb wird von Hunden, die positiv trainiert wurden, gern getragen, weil sie ihn mit angenehmen Dingen wie Leckerli, Spiel, Streicheleinheiten oder Gassigehen verknüpfen.

Wichtig ist, dass der Maulkorb gut passt, ohne zu scheuern oder das Sehen zu behindern. Der Hund muss hecheln, trinken und fressen können. Nylonschlaufen hingegen sind für den täglichen Gebrauch nicht geeignet, weil sie das nicht ermöglichen. Sie dienen ausschließlich dazu, kurze, akute Gefahren, wie sie beispielsweise bei Tierarztbehandlungen entstehen können, zu vermeiden.

Für das Training entweder Leckerli vorne ins Innere des Maulkorbs halten oder den Maul-

korb innen mit etwas Leberwurst bestreichen, sodass der Hund gerne mit der Schnauze hineingeht. Nach einigen Malen positiver Verstärkung wird der Hund freiwillig mit der Schnauze in den Maulkorb schlüpfen.

Dann legen Sie den Riemen hinter den Ohren um den Nacken und ziehen den Maulkorb auch sofort wieder aus. Klappt das gut, kann nach einiger Zeit der Maulkorb auch geschlossen werden. Tragezeiten nach und nach verlängern. Während der Hund den Maulkorb trägt, wird je nach Situation weiter Leckerli verfüttert, gespielt oder gestreichelt.

 http://www.tierverhaltensmedizin.de/html/hundefuehrerschein.html

Bei Fuß

Bei Fuß ist ein Kommando, das man u. a. braucht, um Alltagssituationen zu meistern. Es bedeutet, dass der Hund auf der linken Seite seines Besitzers geht, die rechte Schulter des Hundes befindet sich auf Kniehöhe des Besitzers. Um den Hund in diese Grundposition zu bringen, hat man zwei Möglichkeiten.

Entweder wird der Hund auf der linken Seite in die Position gedreht oder er wird von rechts nach links (indem er hinten um den Besitzer herumgeht) in die richtige Position gebracht. Das Hintenherumgehen hat den Vorteil, dass der Hund einem nicht vor die Füße läuft und der Besitzer eventuell stolpert. Außerdem wird die Übung Seitenwechsel so schon vorbereitet.

Lassen Sie Ihren Hund vor sich *Sitz* machen. Dann wird der Hund mit der rechten Hand von rechts hinter Ihren Rücken geführt, dort holt die linke Hand den Hund ab und lockt ihn zur Grundposition auf der linken Seite. Dass beide Hände mit Leckerlis »präpariert« sind, versteht sich von selbst.

Dann die linke Hand mit dem Leckerli am Körper nach oben zur linken Brust führen, sodass der Hund zu Ihnen nach oben schaut. *Fein*, Leckerli und Kommando auflösen. Manche Hunde setzen sich beim Hochschauen automatisch hin. Prima, denn die Bei-Fuß-Übung kann gerne auch immer mit einem *Sitz* beginnen und mit einem *Sitz* enden.

Klappt das gut und der Hund geht freudig um seinen Besitzer herum in die korrek-

te Position, machen Sie gemeinsam mit dem Hund einen Schritt voran. Dieser wird mit Stimme und Leckerli belohnt und immer daran denken, das Kommando aufzulösen. Nach und nach können Sie die Anzahl der Schritte erhöhen und anfangs noch mit viel Leckerlis bestätigen.

Das stimmliche Signal *Bei Fuß* wird eingebaut, wenn die Übung per Handzeichen gut funktioniert. Kurz bevor es losgeht (ca. 1 Sekunde) sagen Sie *Bei Fuß*, führen Ihren Hund in die Position neben Ihrem linken Knie, Ihre linke Hand geht auf Höhe Ihrer linken Brust, sodass Ihr Hund Sie anschaut. Ein paar Schritte *Bei Fuß* gehen.

Die Übung mit Belohnung beenden und mit *Okay-, Lauf-, Frei*-Kommando auflösen. Bei richtigem Verhalten kommt die Belohnung jetzt aus der rechten Hand.

 http://www.tierverhaltensmedizin.de/html/hundefuehrerschein.html

Menschenmengen, Kinderbeine...

Jedes Individuum hat eine Individualdistanz, die im Kontakt mit anderen eingehalten werden muss, um Konfrontationen zu vermeiden. Im gemeinsamen Leben mit dem Menschen muss der Hund jedoch immer wieder Situationen überstehen, in denen ihm nicht nur andere Hunde, sondern auch viele Menschen sehr nahe kommen. Der Hund sieht häufig nur Menschenbeine, was für manchen nur schwer auszuhalten ist.

Gut sozialisierte Hunde kommen damit allerdings meist gut zurecht. Sie verlassen sich auf ihren Besitzer, der dafür sorgt, dass er nicht getreten, geschubst oder umgerannt wird (vor allem kleine Hunde sind gefährdet).

Kinder befinden sich häufig auf Augenhöhe mit dem Vierbeiner und sind den Gefahren, die vom Hund in solchen stressgeladenen Situationen ausgehen können, direkt und frontal ausgesetzt. Das gefährdete Eis in der Hand eines Kindes ist u. U. noch amüsant, aber ein gestresstes, angstaggressives Schnappen Richtung Kindergesicht keinesfalls tolerierbar. Daher ist es wichtig, seinen Hund zu kennen.

Wie viel hält er aus? Ist ihm die Situation zumutbar oder muss man sich eine Alternative überlegen? Aufmerksamkeit gegenüber Hund und Mitmenschen ist wichtig, damit Gefahren erkannt und vermieden werden können.

Fahrstuhl

Viele Menschen auf engem Raum können problematisch sein. Für einen ängstlichen Hund oder einen, der territoriales Verhalten zeigt, kann das schwer sein. Zudem gibt es auch Menschen, die Angst vor Hunden haben und selbst eine nur kurze Aufzugfahrt kaum aushalten. Es gehört deshalb zum respektvollen Umgang, vorher zu fragen, ob man mit dem Hund dazusteigen darf. Wenn nicht, nehmen Sie vielleicht besser die Treppe.

Straßenverkehr

Nicht jeder Hund kann Gefahren durch Fahrzeuge richtig einschätzen. Schnell können Verkehrsunfälle mit erheblichen Schäden entstehen, und auch unser vierbeiniger Freund kann dabei schwer verletzt werden. Es ist deshalb wichtig, den Hund an befahrenen Straßen durch Anleinen zu sichern. Frei laufen dürfen Hunde in vielen Städten und Gemeinden meist ohnehin nicht.

Ab in den Urlaub ... wohin mit dem Hund?

Urlaub mit oder ohne Hund? Egal wofür man sich entscheidet, es bedarf einer peniblen Planung und Organisation.

Mitnehmen. Darf der Vierbeiner mit, braucht man eine hundetaugliche Unterbringung. Nicht in jedem Hotel ist der Hund willkommen, fast überall darf er nicht mit in den Speisesaal und muss währenddessen eventuell allein im Zimmer bleiben. Ist eine Reise ins Ausland geplant, muss man sich vor Reisebeginn auch mit den

ländertypischen Regeln, Verordnungen und Gepflogenheiten beschäftigen. In vielen Ländern, wie z. B. Italien, dürfen Hunde nicht mit ins Restaurant oder während der Saison (meist von Mai bis September) auch nicht mit an den Strand. Für manche Länder werden Maulkorb, amtstierärztliche Zeugnisse oder spezielle, streng eingehaltene Entwurmungsschemata benötigt, damit man bei Kontrolle nicht direkt wieder nach Hause geschickt wird.

»Endlich Ferien!«

»Urlaub ist eine tolle Sache! Alle haben viel Zeit und wir machen spannende Sachen. Wir fahren beispielsweise ans Meer. Das Wasser dort schmeckt komisch, aber ich bin ein *Retriever*, also ein totaler Wassernarr! Beim Schwimmen und Planschen mit all den Wellen habe ich Wasser geschluckt – ein großer Fehler! Danach war mir schlecht und Bauchschmerzen hatte ich auch! Erbrechen und Durchfall! Da war der Sand in Nase und Augen das geringste Problem ... (Den haben mir meine Menschen ja auch wieder ausgespült!) Beim nächsten Mal war ich auf jeden Fall vorsichtiger. Heute trinke ich

nur noch aus meinem Napf und verschlucke nur beim Leckerlifressen noch ein bisschen Sand, der zwischen den Zähnen knirscht.«

Entscheidet man sich, den Vierbeiner daheim zu lassen, braucht man eine Betreuung. Auch hier ist frühe Organisation, Planung und Gewöhnung zwingend notwendig. Man beginnt damit, den Hund mit dem neuen Betreuer allein zu lassen und sowohl das Gehen und Kommen unspektakulär zu gestalten (siehe auch Seite 52, Alleine bleiben). Klappt das gut, dann kann der Hund für die eine oder andere Stunde in die Betreuung, dann mal den ganzen Tag, auch einmal über Nacht und letztendlich mal für ein Wochenende bleiben, an dem sozusagen ein »Probereisen« stattfindet.

»Eine Tierpension ist nichts für mich!«

»Wir haben auch mal eine Städtereise gemacht, da musste ich ins Hundehotel. Bei der Besichtigung fand ich es dort super. Alles neu und interessant. Auch als mich die Hoteldame abholte, ahnte ich nichts Schlimmes – ich mag ja Menschen. Den Kumpel im Hundezimmer hatte ich schnell im Griff und sein Körbchen rasch erobert. Als ich dann zum Spielen mit Artgenossen in den Garten sollte, wollte ich lieber zurück zu meinem Rudel, das ich inzwischen sehr vermisste. War aber nicht erlaubt und die Hoteldame wollte einfach nicht verstehen, dass ich nur nach Hause wollte. Und das ist da, wo mein Rudel ist. Das Fressen habe ich den ganzen Tag nicht angerührt. Wer hat schon Hunger, wenn er verlassen wird? Nach einer endlos langen Zeit hörte ich das Geräusch meines geliebten Autos und bin fast ausgeflippt vor Freude. Schnell habe ich meinen immer noch vollen Napf geleert, gebellt und geheult so laut es ging. Gott sei Dank waren sie zurück!«

Bei der Auswahl der Hundepension sollte unbedingt der Charakter des Hundes berücksichtigt werden. Nicht jeder Hund hält das Zusammenleben in der Gruppe aus und Hunde, die im Familienverband leben, verstehen nicht, warum sie die nächsten 14 Tage ohne Menschenrudel alleine in ihrem »Hundezimmer« verbringen sollen. Ferien mit Familienanschluss bei hundeversierten Freunden oder Bekannten, die den Hund schon kennen, ist sicher für alle eine gute Lösung.

Hilfsmittel richtig einsetzen

Das Halsband verläuft an der empfindlichen Halsregion des Hundes und belastet beim Ziehen oder In-die-Leine-Springen vor allem Kehlkopf, Luftröhre und die dort verlaufenden großen Blutgefäße. Es hat zudem Einwirkungen auf die Halswirbelsäule und die Halsmuskulatur sowie im weiteren Verlauf auch auf die gesamte Wirbelsäule und Rückenmuskulatur. Um es gefahrenlos einzusetzen, muss immer eine gute Leinenführigkeit gewährleistet werden.

Beim Tragen eines Geschirrs hingegen werden Kraft und Druck verteilt. Zudem verläuft es an der unempfindlicheren Brustregion und durch die Kraftverteilung erleichtert es dem Besitzer die Führung des Hundes. Allerdings kann es die Bewegungsfähigkeit der vorderen Gliedmaße so einschränken, dass es auch hier zu erheblichen Schäden kommen kann. Man muss gerade beim Geschirr auf guten Sitz und Passform achten, damit die Bewegung im Trab, Galopp sowie beim

Hüpfen und Springen nicht schmerzhaft behindert oder einschränkt wird. Bei guter Leinenführigkeit und problemloser Kontrolle des Hundes in schwierigen Situationen bleibt es natürlich dem Besitzer überlassen, mit welchen der beiden Varianten – Halsband oder Geschirr – er besser zurechtkommt, da beide Vor- und Nachteile haben.

Bei der Moxonleine oder auch Retrieverleine handelt es sich um eine Leine, in die das Halsband als Schlaufe integriert ist. Moxonleinen gibt es mit, aber auch ohne Stopp. Sie hilft, den Hund im Einsatz bei der Jagd schnell an- und abzuleinen. Bei der Moxonleine muss man, wie beim normalen Halsband, auf gute Leinenführigkeit und problemlose Kontrolle des Hundes in schwierigen Situationen achten. Vor allem muss ein Stopp vorhanden sein. Bei Fehlen des Stopps zieht sich die Leine würgend zu und fügt dem Tier erhebliche Schmerzen und Schäden zu, was nach Tierschutzgesetz § 1 verboten ist.

Das Kopfhalfter erleichtert das Führen des Hundes. Die Leine darf dabei niemals ausschließlich am Kopfhalfter, sondern muss immer zusätzlich an Halsband oder Geschirr befestigt werden. Eine Schleppleine oder Rollleine haben in Verbindung mit einem Kopfhalfter nichts verloren! Bei falschem

Einsatz kann auch das harmlos aussehende Kopfhalfter durch die enormen Hebelkräfte im Nackenbereich zu erheblichen Schäden führen. Daher sollte es ausschließlich unter fachkundiger Anleitung durch Tierärzte (mit einer Ausbildung in Verhaltenstherapie) oder durch Hundetrainer mit Sachkundenachweis trainiert und eingesetzt werden.

Restaurantbesuche

Eine gute Voraussetzung für einen gemeinsamen Restaurantbesuch ist ein erschöpfter, satter Hund, der gerne eine Auszeit im Restaurant akzeptiert.

Ein ausgedehnter Spaziergang vorher wirkt Wunder. Im Vorfeld lässt sich ein Auszeitkommando wie *Pause* trainieren und mit einer immer dafür verwendeten Decke verknüpfen. Eine Decke mitzunehmen ist auf jeden Fall ratsam. Vor allem kurzhaarige Hunde wie *Magyar Vizsla* und Co. werden sich, wenn überhaupt, sonst nur ungern hinlegen. Wichtig ist, dass dem Hund ein Platz im Restaurant zugewiesen wird, auf dem er ungestört entspannen kann. Er darf niemandem im Weg liegen oder andere Gäste belästigen. Sind noch andere Hunde im Restaurant, muss die Distanz möglichst groß sein. Vor allem sollten die Hunde keinen direkten Blickkontakt haben. Bei guter Planung wird der Hund wegen seines guten Verhaltens von anderen Gästen gar nicht registriert.

Einkaufen

Natürlich findet der Hund einen Einkaufs-bummel als Abwechslung durchaus spannend, er ersetzt aber keinen Waldspaziergang oder ein Treffen mit anderen Hunden im Park.

Da bei einem Schaufensterbummel viel gestanden wird, ist im Winter, vor allem bei kurzhaarigen Hunden wie z. B. *Parson Jack Russelll, Whippet* oder *Weimaraner* ein wärmender Hundemantel ratsam. Bewegt sich der Hund, ist das selten notwendig, steht er jedoch viel herum oder bewegt sich langsam und wenig, friert er schnell. Je kleiner der Hund, desto mehr friert er. Kleine, aber auch sehr dünne Hunde haben im Vergleich zu großen Hunden eine größere Körperoberfläche in Bezug auf ihre Körpermasse (Körpergewicht) und folglich einen höheren Wärmeverlust durch Abstrahlung (Bergmann'sche Regel). Die nordischen Hunde, wie z. B. *Siberian Husky, Alaskan Malamute* oder *Samoje-de,* hingegen werden die Runde bei kühlen Temperaturen genießen. Aber dafür machen sie bei warmem Wetter recht schnell schlapp, weil kühlendes Grün fehlt und der Asphalt bei hohen Temperaturen viel Wärme abstrahlt.

Warten im Auto

Das Warten im Auto birgt diverse Gefahren. Um längere Zeit auf den Besitzer warten zu können, müssen die Klimabedingungen optimal sein.

- Autos können an warmen Tagen schnell zum Brutkasten werden. Bei moderaten Außentemperaturen von 20 °C erhöht sich die Temperatur im Wageninneren schnell auf über 40 °C. Wegen mangelnder Schweißdrüsen, die der Hund nur an den Pfotenballen hat, kann er nur begrenzt bis gar nicht schwitzen. Durch ausschließli-ches Hecheln zur Thermoregulation kann er diese Temperaturen nicht mehr aus-gleichen. Irreparable Organschäden bis hin zum Hitzetod können die Folge sein.

- Kälte birgt die Gefahr einer Erkrankung. So wie sich Autos in der Sonne schnell er-wärmen, kühlen sie an kalten Tagen auch rasant schnell aus. Ist der Hund dann zu-dem noch nass, ist eine Erkältung sicher!

- Immer wieder werden Tiere nicht nur vor dem Supermarkt, sondern auch aus parkenden Autos von organisier-ten Tierfängern entwendet. Vor allem im Ausland sollte man besonders vor-sichtig sein und den Hund nicht unbe-aufsichtigt im Auto warten lassen.

Fakten-Check

1. Welchen Radius hat das Blickfeld eines Hundes?

a ❑ 240 Grad

b ❑ 360 Grad

c ❑ 120 Grad

2. Mit wie vielen Geruchsrezeptoren ist die Hundenase in etwa ausgestattet?

a ❑ Ca. 5 Millionen

b ❑ Ca. 60 Millionen

c ❑ Ca. 200 Millionen

3. Wer ist für das Entfernen von Hundekot zuständig?

a ❑ Die Stadtverwaltung

b ❑ Jeder Hundebesitzer ist für den eigenen Hund zuständig.

c ❑ Niemand – das erledigt sich auf natürliche Weise.

4. Warum sollte der Hund im Sommer nicht im Auto warten?

a ❑ Durch ausschließliches Hecheln zur Thermoregulation kann er heiße Temperaturen nicht mehr ausgleichen.

b ❑ Hundeaugen reagieren empfindlich auf Sonnenlicht.

c ❑ Der Hund braucht regelmäßig Wasser, das im Sommer schneller verdunstet.

5. Wenn Sie mit Ihrem Hund in ein Restaurant gehen, wo legen Sie den Hund am besten ab?

a ❑ Vor der Eingangstür.

b ❑ An einem ruhigen Platz.

c ❑ Vor der Küche.

6. Wenn der Hund mit in den Urlaub fährt, braucht er …

a ❑ … u. U. spezielle Impfungen.

b ❑ … einen eigenen Sonnenschirm.

c ❑ … eine mobile Hundehütte.

7. Beim Kommando Bei Fuß ist es wichtig, dass der Hund …

a ❑ … vor dem Besitzer die Seiten wechselt.

b ❑ … hinter dem Besitzer die Seiten wechselt.

c ❑ … selbstständig entscheidet, wie und wann er die Seiten wechselt.

8. Maulkorbpflicht in öffentlichen Verkehrsmitteln – ist das ein Muss?

a ❑ Ja, in manchen Städten und für große Hunde bei der Deutschen Bahn.

b ❑ Nein, nur für große Hunde.

c ❑ Nein, nur für Kampfhunde.

Lösungen: 1a, 2c, 3b, 4a, 5b, 6a, 7b, 8a

Kapitel 5

Unterwegs in der Natur

Könnten Hunde einen Wunschzettel schreiben, so stände das Gassigehen ganz oben. Denn mit den regelmäßigen Spaziergängen werden ganz viele Bedürfnisse des Vierbeiners auf einmal erfüllt: beispielsweise dem nach Bewegung und Beschäftigung. Beim Gassigehen lässt sich das eine mit dem anderen gut verbinden. Kleines Manko für die Besitzer: Hunde nehmen selten Rücksicht auf die Wetterlage. Sie müssen raus – bei Regen, Schnee und Sonne.

Jeder Vierbeiner hat – je nach Rasse, Größe, Alter und Gesundheit – unterschiedliche Ansprüche: der eine will mehr Action, der andere weniger! So oder so kommt kein Hundebesitzer um den täglichen Spaziergang, der möglichst noch mit gemeinsamen »Abenteuern« verbunden sein sollte, herum. Bei den täglichen Gassirunden außerhalb des eigenen Gartens und Hofs geht es natürlich auch um die großen und kleinen Geschäfte, die erledigt werden müssen. Hunde setzen zwar sowohl Urin- als auch in manchen Fällen Kotmarkierungen im eigenen Territorium ab, aber der normale Kotabsatz findet eigentlich außerhalb statt.

Ein Hund muss seine Umwelt erriechen können

Das Schnüffeln ist vergleichbar mit dem Zeitunglesen für uns Menschen. Es liefert dem Hund Informationen zu Artgenossen, deren Geschlecht, Alter und Gesundheitsstand. Es bietet aber auch Hinweise über intakte oder kastrierte Rüden sowie den jeweiligen Zyklusstand der Hündinnen aus der Nachbarschaft. Vieles also, was für das Leben eines Hundes bedeutungsvoll ist und das sein Leben und Verhalten beeinflusst und steuert.

Gut gerüstet unterwegs

Für die gemeinsamen Ausflüge sollte der Hund ein Halsband oder Geschirr tragen, das mit der Hundesteuermarke versehen ist. So kann man ihn bei einer eventuellen Kontrolle durch Ordnungsamt und Co. »ausweisen«. Sollte der Hund tatsächlich einmal verloren gehen, kann sein Zuhause zusätzlich zum implantierten Transponder ermittelt werden (siehe Seite 122).

Eine Leine zur Sicherung des Hundes ist immer notwendig, da der Hund nicht überall frei herumlaufen darf. Auch eine Hundepfeife für den »neutralen« Rückruf kann hilfreich sein und das eine oder andere Leckerli zur Bestätigung positiven Verhaltens. Hundekottüten sollte jeder Besitzer bei sich haben, um Hinterlassenschaften schnell und zuverlässig beseitigen zu können.

Je nachdem, mit welchem Hund (Rasse, Alter, Größe) Sie unterwegs sind, kann es nicht schaden, ein paar »Fun-Artikel« mitzunehmen. Interessante »Hilfsmittel« sind oft auch am Wegesrand zu finden. Da gibt es gefällte Baumstämme, auf denen der Hund balancieren kann. Kleine Leckerli können überall, in Ästen, hinter großen Steinen, im Gebüsch oder auch im Gras versteckt werden. Viel Spaß haben Hunde mit einem Dummy, einem gefüllten Leinensäckchen, das versteckt, gesucht, apportiert oder getragen werden kann. Spezielle Preydummy® können auch mit Leckerli gefüllt werden.

Apportieren als Beschäftigungsmöglichkeit – hier mit Dummy

Rückruf

Ein funktionierender Rückruf ist die »Lebensversicherung« des Hundes! Der natürliche Folgetrieb des jungen Hundes unterstützt das Rückruftraining.

- Kommt der junge Hund auf einen zugelaufen, wird sein Verhalten durch positives Lob und dem einmal gegebenen Rückrufkommando *Hier* unterstützt.

- Ist der Hund bei Ihnen angekommen, greifen Sie an das Halsband oder Geschirr, bestätigen Sie mit einem freundlichen *Fein* und einem Leckerli. Danach wird der Hund mit dem Auflösekommando freigegeben!

- Durch den Griff ans Halsband lernt der Hund, dass ein Anfassen dazugehört und nichts Negatives ist. So kann er in gefährlichen Situationen zuverlässig gesichert werden!

- Hunde, die ausschließlich zum Anleinen am Halsband angefasst werden, weichen dem Griff häufig aus, weil sie diesen mit Freiheitseinschränkung negativ verknüpft haben.

- Beim Rückruftraining darauf achten, dass man in Situationen ruft, in denen ein Abruf auch wirklich möglich ist und der Hund nicht mit wichtigeren Dingen beschäftigt ist, die das Kommen verhindern.

http://www.tierverhaltensmedizin.de/html/hundefuehrerschein.html

Anstrengende Spaziergänge

Spaziergänge mit dem Hund sind nicht immer nur pures Vergnügen. Manchmal wird das Durchqueren des Parks oder ein Waldspaziergang zu einer echten Herausforderung, die vom Besitzer große Konzentration und vom Hund einen gewissen Grundgehorsam erfordert.

Eine Leine müssen Sie immer dabeihaben und eigentlich sollte es selbstverständlich sein, dass der Hund in der Nähe von Kinderspielplätzen oder im freien Gelände zu Schon- und Brutzeiten angeleint ist.

Manche Besitzer sind stolz, dass ihr Hund frei laufend bei Fuß geht. Trotzdem muss man sich an Vorschriften halten und sicher sein, dass der Hund zuverlässig gehorcht.

Das ist aber nicht immer der Fall: Ein fliegender Ball oder ein springendes Reh genügen als Auslöser fürs Hinterherjagen. Wer mit dem Hund spazieren geht – egal wo –, muss seine Augen und Ohren überall haben und sehr vorausschauend sein. Nur so lassen sich kritische Situationen rechtzeitig erkennen und gegensteuern.

Erinnern Sie sich an den Trainingstipp »Anschauen«? Lernt der Hund frühzeitig, dass Begegnungen mit anderen Menschen, anderen Hunden und auch anderen Tieren durch Blickkontakt mit dem Besitzer (der zur Belohnung führt) geregelt werden, ist auch das zukünftige Situationsmanagement viel einfacher.

Kritische Momente entschärfen

In den sogenannten Hundezonen (Verordnungen je nach Stadt unterschiedlich), in denen die Hunde normalerweise frei laufen dürfen, müssen dennoch bestimmte »still« vereinbarte Regeln eingehalten werden.

Läufige Hündinnen oder sozial inkompetente Hunde dürfen die anderen Besucher nicht aufmischen, auch hierbei muss die Kommunikation unter Hunden durch den menschlichen Partner verstanden und geregelt werden. So dürfen Sie z. B. ängstliche Hunde nicht sich selbst überlassen, sondern müssen darauf achten, dass sie durch andere Hunde nicht bedrängt, gemobbt oder bedroht werden. Rowdy-Gruppen müssen im Auge behalten und eventuell von sehr jungen oder sehr alten, aber auch von unsicheren Tieren und Besitzern ferngehalten werden.

Trifft man mit dem eigenen (frei laufenden) Hund auf einen angeleinten Hund, gibt es sicher einen Grund dafür, dass dieser nicht frei laufen darf. Aggression, Ängstlichkeit, Krankheit oder Läufigkeit kann der Grund dafür sein, und muss respektiert werden. In solchen Fällen sollte es selbstverständlich sein, den eigenen Hund abzurufen, durch Anleinen oder Bei-Fuß-Gehen zu sichern und zügig weiterzugehen, ohne den anderen zu behindern. Ist ein Kontakt gewünscht, muss der auf jeden Fall vorher erfragt werden. Kontakte mit angeleinten Hunden führen häufig zu Konflikten, da die Hunde, gehemmt durch Leine und Besitzer, nicht ausreichend und klar kommunizieren können.

Rückruf

Egal, ob der Hund in der Schlammpfütze gebadet, im Wald verschwunden ist, einen Fremden verbellt oder dem Jogger nachgejagt ist ... kommt der Hund zum Besitzer zurück, wird er immer, unabhängig davon, was er vor dem Zurückkommen getan hat, freudig belohnt. Auch wenn man ihm eigentlich den Hals umdrehen möchte und vor Wut kocht! Eine Bestrafung des vorangegangenen negativen Verhaltens käme zeitlich nämlich viel

zu spät und könnte vom Hund mit der negativen Situation nicht mehr verknüpft werden. Zur Erinnerung: Zeitliche Verknüpfung von Strafe oder Belohnung muss innerhalb von 1 bis 2 Sekunden nach dem zu bestrafenden oder zu belohnenden Verhalten erfolgen, damit eine Verknüpfung stattfinden kann (siehe auch operante Konditionierung, Seite 43f). Da der Hund jedoch zum Zeitpunkt der Bestrafung zum Besitzer zurückkommt, würde er sich für das Herkommen bestraft sehen und dieses zukünftig vermeiden.

Besitzer glauben oft, der Hund habe ein »schlechtes Gewissen«, doch der Hund hat die »Missetat« inzwischen schon wieder vergessen. Was er hingegen zeigt, ist das Ergebnis von Stimmungsübertragung durch den verärgerten Besitzer, und das äußert sich bei genauem Hinschauen durch Beschwichtigungsgesten. Da wird sich kleingemacht, weggeschaut, am Wegesrand geschnüffelt, geblinzelt und über die Schnauze geleckt, um sein Gegenüber friedlich zu stimmen. Hilfreich für einen neutralen, emotionslosen Rückruf ist die Pfeife. Diese klingt immer gleich, ist neutral und vermittelt immer dasselbe Signal, nämlich zum Besitzer zu kommen. Dieser Rückruf durch die Pfeife muss, wie immer, in kleinen Trainingsschritten geübt werden, damit der Rückruf zuverlässig klappt.

Hundepfeife

In der Regel wird eine ACME®-Pfeife 211 ½ benutzt. Aber auch Hornpfeifen oder Ähnliches sind dafür geeignet. Der Doppelpfiff dient als Kommando für den Rückruf.

- Pfeifen Sie zunächst bei der Fütterung. Ist das Futter fertig, pfeifen Sie Ihrem Hund mit Doppelpfiff. Kommt er, erhält er ein bisschen Futter aus der Hand und danach wie gewohnt aus dem Napf.

- Setzen Sie die Pfeife zunächst nur in der Wohnung ein. Doppelpfiff, wenn der Hund in der Nähe ist und Sie vielleicht sogar anschaut oder sowieso gerade auf Sie zukommt. Beim Kommen ausgiebig loben und Leckerli geben. Klappt das gut, kann man im Garten weiterüben.

- Pfeifen Sie nur, wenn Sie sicher sind, dass Ihr Hund auch kommt. Klappt das gut, Erweiterung des Trainings während eines Spaziergangs.

Der Hund als Sportsfreund?

Der Hund ist kein Langstreckenläufer, der sich monoton über große Strecken in gleichbleibender Geschwindigkeit bewegt. Auf seinen Ausflügen möchte er schnuppern, sich lösen und die Geschwindigkeit den Umweltreizen anpassen. Das kann er natürlich auch neben dem Fahrrad herlaufend, als Jogging- oder Bergbegleiter oder beim Schlittenfahren. Wenn der Hund am Rad oder beim Joggen mal kurze Strecken angeleint zurücklegt, ist das kein Problem. Da der angeleinte Hund aber über die Geschwindigkeit nicht entscheiden kann, muss darauf geachtet werden, dass er überwiegend entspannt im Trab laufen kann. Darf er dann frei laufen, kann er Gangart und Untergrund selbst wählen und dabei auch Schnupperpausen einlegen.

- Eine gemeinsame Schlittentour im Winter macht auch Hunden riesigen Spaß, wenn man sich klar darüber ist, dass der Hund nicht wie wir auf dem Schlitten sitzt und auch keine Winterschuhe trägt. Das Springen oder auch Laufen im hohen Schnee ist anstrengend und für einen untrainierten Hund wesentlich strapaziöser als ein Spaziergang auf geräumten Straßen. Zudem bilden sich vor allem bei langhaarigen Hunden schmerzende Eisklumpen zwischen den Zehen, die regelmäßig entfernt werden müssen.

- Ein Hund als Begleiter in den Bergen darf nicht überfordert werden, Bergtouren müssen deshalb der Kondition von Halter *und* Hund angepasst sein. Ein Napf für Futter und Wasser muss dabei sein, ebenso wie spezielle Geschirre zum Sichern des Vierbeiners. Auch muss man auf andere Wanderer, aber auch auf die Tierwelt Rücksicht nehmen. Ein Hund, der die ganze Woche über untrainiert im Büro liegt, kann am Wochenende keine Höchstleistung erbringen, ohne körperlichen Schaden zu nehmen. Wichtig: Ein Welpe, der sich noch in der Entwicklung befindet, hat im ersten Jahr am Fahrrad, beim Joggen, neben dem Schlitten und auf Bergtouren nichts verloren, da solche körperlichen Anstrengungen für ihn gesundheitsschädlich sind!

Im Park, im Wald und am See

Überall lauern Gefahren, die unerwünschtes Verhalten beim Hund auslösen können. Je nach Park und Stadt, Verordnungen und Regeln, die eingehalten werden müssen, kann ein entspannter Spaziergang schwierig werden. Aber selbst wenn alles erlaubt ist, ist der Hundebesitzer für seinen Hund verantwortlich und muss dafür sorgen, dass nichts passiert.

Schleppleine

Sie ist eine Trainingshilfe, die vor allem eingesetzt wird, um Aufmerksamkeit, Bindung und Rückruf zu trainieren. Eine Einweisung durch einen sachkundigen Hundetrainer ist wichtig. Leider wird sie häufig nur als lange Leine am Halsband oder Geschirr befestigt und unkontrolliert vom Hund am Boden mitgeschleppt. Zum einen hat diese Methode keinen Trainingseffekt, zum anderen besteht die Gefahr, dass der Hund irgendeinem plötzlichen Reiz (Wild, Katze, Jogger etc.) unkontrolliert hinterherstürmt. Dabei kann er sich im Dickicht verfangen und u. U. verletzen. Aber auch wenn der Besitzer die Leine festhält, kann es im Spiel mit anderen Hunden zu Verwicklungen, Verletzungen und Stürzen von Mensch und Tier oder zu Brand- und Schürfwunden an den Händen des Besitzers kommen, wenn der Hund plötzlich und unvermittelt losrennt und die Leine durch die Hände saust.

- Um so etwas zu vermeiden, muss die Schleppleine anfangs kontinuierlich auf- und abgerollt werden.

- Erst wenn der Rückruf bzw. Aufmerksamkeit und Bindung genügend Trainingserfolg zeigen, darf die Schleppleine aus der Hand kontrolliert auf den Boden.

Im Wald trifft man Waldbewohner, die man zwar nicht immer sieht, die der Hund aber durchaus riecht. Das Problem: Wildfährten werden vom Besitzer häufig zu spät erkannt. Hat der Hund einmal Witterung aufgenommen, ist er nur schwer aufzuhalten. Wenn er die Nase am Boden hat, intensiv schnüffelt oder auch vorsteht, sind das Hinweise, die schnelles Handeln erforderlich machen, um sein Jagen rechtzeitig zu unterbinden.

Jagdverhalten

Allgemeingültige Tipps gibt es leider nicht, da jeder Hund eine andere Jagdmotivation hat. Ein frühzeitiges Erlernen des richtigen Verhaltens im Wald ist jedoch entscheidend für Hund, Besitzer und Wild. Die Entschuldigung »... es ist halt ein Jagdhund ...«, wenn er dem Wild hinterherjagt ist nicht akzeptabel, weil auch der ausgebildete Jagdhund nicht alleine jagen darf, sondern seinen Besitzer lediglich als Jagdgehilfe unterstützt. Das A und O bei einem jagdlich motivierten Hund ist, nebst Grundgehorsam und guter Bindung, eine alternative Beschäftigung, um vorhandene Energie zu kanalisieren.

Am See. Es gibt Badeseen, die während der Saison (meist von Mai bis September) für Hunde gesperrt sind, Seen für Fischereizucht, die grundsätzlich für Hunde verboten sind, Seen in Naturschutzgebieten, die für Hunde wegen Brutpflege und Artenschutz verboten sind. Ist das Baden jedoch ungefährlich und erlaubt (z. B. an ausgewiesenen Hundestränden), steht dem Spaß nichts im Wege.

- Achten Sie darauf, dass der Hund sich in einem kontrollierbaren Radius bewegt, sodass andere sich nicht belästigt fühlen.

- Der Hund sollte sich nach Möglichkeit nicht in der Nähe von Fremden schütteln oder über deren Badetücher rennen.

- Bellen sollte vermieden oder zumindest kontrolliert werden.

- Hinterlassenschaften müssen mit bereitgehaltenen Hundekotbeuteln entfernt werden.

- Damit dem Hund nichts passiert, muss das Gewässer erst einmal begutachtet werden. Kommt er gut rein und vor allem auch wieder gut heraus? Kann der Hund in Spalten oder Wurzelwerk hängen bleiben? Gibt es Äste im Wasser, die beim Hineinspringen zu Verletzungen führen könnten?

- Beim Schwimmen in Flüssen sind Strömung und Stromschnellen nicht zu unterschätzen. Es kann zwar prinzipiell jeder Hund schwimmen, aber nicht jeder Hund schwimmt gut!

Rücksicht ist das Zauberwort

Merkt die Umwelt, dass der Hund unter Kontrolle ist, entspannt sich jedes Aufeinandertreffen schnell. Trotzdem, nicht jeder ist ein Hundefreund und viele haben Angst vor Hunden. Hunde können daran meist nicht allzu viel ändern, Besitzer hingegen schon. Diese tragen

die Verantwortung für das Verhalten ihrer Vierbeiner und müssen dafür sorgen, dass der Hund einen positiven Eindruck bei seinen Mitmenschen hinterlässt.

Flexi-Leine

Die Flexi-Leine vermittelt dem Hund subtil, jede Menge Freiraum zu haben, der jedoch unerwartet plötzlich durch den Stopp der Leine beendet wird. Wenn die Flexi-Leine bei Hunden, denen die Möglichkeit des Freilaufs fehlt, unter fachlicher Anleitung eingesetzt wird, kann sie aber durchaus sinnvoll sein. Dabei muss das Handling geübt und der Einsatz des manuellen Flexi-Stopps unterstützend durch Langsam-, Stopp- und auch Rückholsignale trainiert werden. Sowohl Hund als auch Besitzer können lernen, einen fünf oder auch zehn Meter betragenden Radius, je nach Flexi-Leinentyp, richtig einzuschätzen. Aber Vorsicht: Eine unaufmerksam eingesetzte Flexi-Leine kann Gefahren bergen. So kann der Hund eventuell unvermittelt auf die Straße rennen, bevor ein Stopp möglich ist, sie kann zu Verwicklungen führen oder auch Passanten zum Stürzen bringen.

Fakten-Check

1. *Sind Hunde im Wald grund-sätzlich anzuleinen?*

a ❒ ja

b ❒ nein

c ❒ nur zu bestimmten Jahreszeiten

2. *Ein guter Rückruf ist für den Hund ...*

a ❒ ... lebenswichtig.

b ❒ ... überflüssig.

c ❒ ... Glückssache.

3. *Woran erkennen Sie, dass der Hund im Wald Witterung aufgenommen hat?*

a ❒ Er rennt in eine Richtung – scheinbar ohne Grund.

b ❒ Die Nase ist am Boden oder hoch in die Luft gereckt.

c ❒ Er klappert mit den Zähnen.

4. *Für Ausflüge in die Berge brau-chen Hunde vor allem was?*

a ❒ Eine spezielle Leine

b ❒ Eine gute Kondition

c ❒ Einen Wassernapf

Lösungen: 1c, 2a, 3b, 4b, 5a, 6c, 7a, 8a

5. *Hunde am Badesee – ist das erlaubt?*

a ❒ Nein – zumindest nicht von Mai bis September.

b ❒ Ja – Hunde sind erlaubt.

c ❒ Das ist abhängig von der Größe des Hundes.

6. *Was versteht man unter ei-ner Hundepfeife?*

a ❒ Eine Trillerpfeife

b ❒ Eine Tabakpfeife in Hundeform

c ❒ Eine Pfeife zum Rückruf des Hundes

7. *Wodurch signalisiert man Passanten, dass man seinen Hund unter Kontrolle hat?*

a ❒ Durch einen Rückruf und das eventuelle Anleinen des Hundes.

b ❒ Durch eine ausführliches Gespräch.

c ❒ Durch Zuruf »Keine Angst, der macht nichts«.

8. *Radfahren mit Hund ist gesund – für Mensch und Tier. Stimmt das?*

a ❒ Ja, wenn der Hund ausgewachsen ist und seine Gangart selbst wählen kann.

b ❒ Nein, die Unfallgefahr ist für beide Seiten zu groß.

c ❒ Wenn beide einen Helm tra-gen – kein Problem.

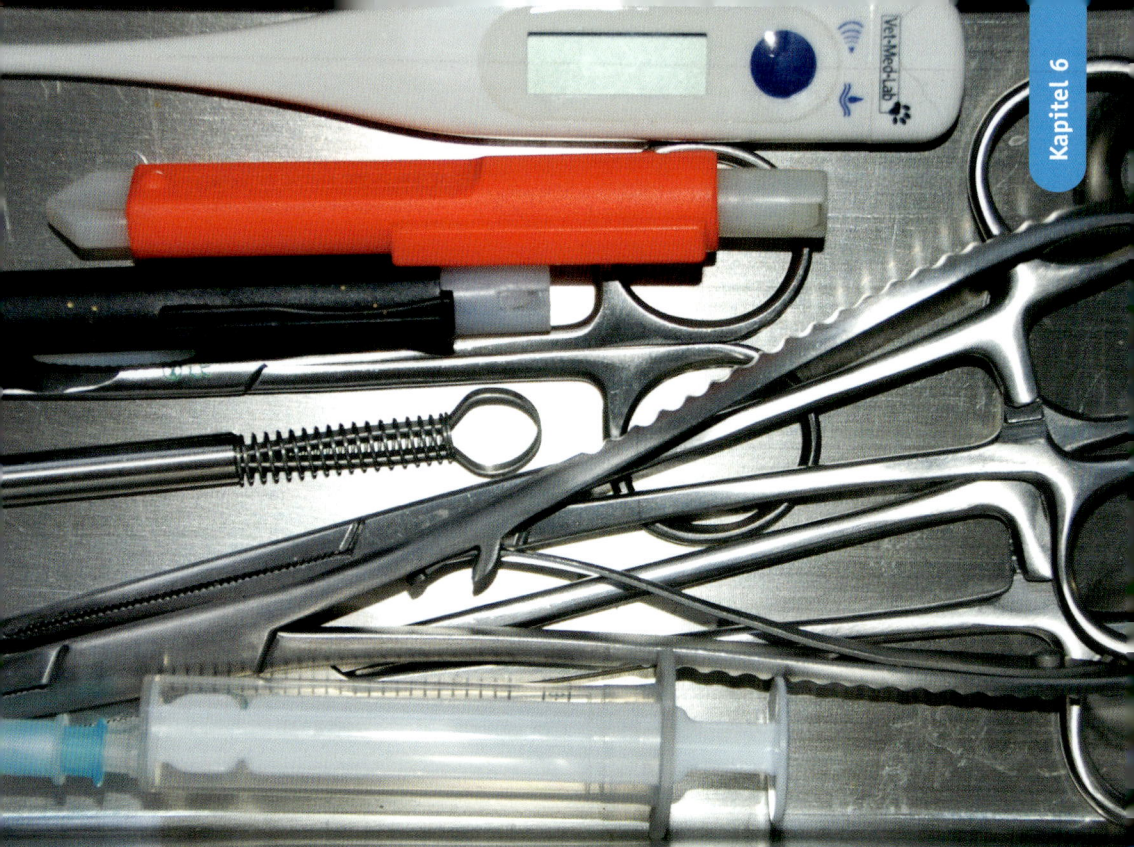

Kapitel 6

Gesunder Hund

**Besuche beim Tierarzt gehören zum Hundeleben wie
die regelmäßigen Gassirunden. Für die meisten Vierbeiner
ist das jedes Mal eine echte Herausforderung. Allein das
Wartezimmer mit all seinen Duftinformationen verrät dem
Hund nichts Gutes. Es riecht nach Angst. Diesen Furcht ein-
flößenden Gerüchen kann man nur Vertrauen und Training
entgegensetzen.**

Ist der Welpe eingezogen, sollte man ihn (nach einer gewissen Eingewöhnungszeit) beim zukünftigen Haustierarzt vorstellen. Ein Schnupperbesuch, abseits der regulären Sprechzeiten, bei dem – außer einer schmerzlosen Untersuchung – nichts Negatives passiert, ist ideal. So kann der Welpe die Praxis positiv kennenlernen und verknüpfen.

Bodycheck

Ein positiver Kontakt wirkt sich auf zukünftige Tierarztbesuche günstig aus. Schließlich muss im Welpenalter eine Grundimmunisierung aller wichtigen Impfungen durchgeführt werden. Ein regelmäßiger Gesundheitscheck ist gerade während der Wachstumsphase zu empfehlen. So können Erkrankungen durch Kontrolle und Maßnahmen wie Zahnreinigung, Fellpflege, Gewichtskontrolle oder adäquate Fütterung vermieden, aber auch rechtzeitig festgestellt und therapiert werden.

Impfungen

Sie dienen der Vermeidung von gefährlichen Infektionskrankheiten. Abhängig von Haltung, aber auch Gefahren und Vorschriften bei bestimmten Reisezielen, sind individuelle Impfschemata mit dem Tierarzt zu besprechen. Eine adäquate Grundimmunisierung und die Einhaltung empfohlener Auffrischungsimpfungen sind Voraussetzung, um den möglichen Infektionskrankheiten optimal vorzubeugen. »Mehr Tiere impfen, das einzelne Tier so häufig wie nötig«,

das empfiehlt die Leitlinie zur Impfung von Kleintieren (Ständige Impfkommission Veterinär (StIKo Vet.) im Bundesverband praktizierender Tierärzte e.V. [bpt]).

Gegen was muss geimpft werden?
Staupe ist eine Virusinfektion. Man unterscheidet verschiedene organbezogenen Verlaufsformen: Darmstaupe, Lungenstaupe, Nervenstaupe! Erkrankte Tiere haben Fieber, sind appetitlos und apathisch. Bei der Darmstaupe kommen Durchfall und Erbrechen hinzu. Symptomatisch für die Lungenstaupe sind eine Atemwegsinfektion mit Nasen- und Augenausfluss und eine Mandelentzündung, die sich auf Bronchien und Lunge ausbreitet und zu Husten sowie Atembeschwerden führt. Die nur schwer therapierbare Nervenstaupe äußert sich, neben den oben genannten allgemeinen Symptomen, zudem in Lähmungserscheinungen und Muskelzuckungen, dem sogenannten Staupe-Tick. Die einzelnen organbezogenen Verlaufsformen können einzeln, aber auch in Kombination auftreten.

Ansteckende Leberentzündung – H. c. c. (Hepatitis contagiosa canis) ist ebenfalls eine Viruserkrankung. Die Symptome sind Fieber, Appetitlosigkeit, Apathie und die typische Mandelentzündung. Durchfall, Erbrechen, Schmerzen im Bereich der Leber (rechte Bauchregion) und Blutungen durch leberbedingte Gerinnungsstörungen sind weitere Anzeichen dafür. Bei überstandener Infektion sind häufig chronische Leberentzündungen und Hornhauttrübungen zu erwarten.

Parvovirose ist eine gefürchtete Welpen- und Junghundeerkrankung. Das Virus ist in der Umwelt sehr lange überlebensfähig und nur schlecht durch Desinfektion in den Griff zu bekommen. Neben Fieber, Appetitlosigkeit und Mattigkeit kommt es zu charakteristischem Erbrechen und massiven, oftmals blutigen Durchfällen, die bei den meist jungen Tieren schnell zu einer gefährlichen Austrocknung führen. Es kommt auch zu einer Reduktion der weißen Blutkörperchen (Leukopenie), die die körpereigene Abwehrreaktion vermindert und so weitere lebensbedrohliche Infektionen zulässt.

Leptospirose ist eine bakterielle Erkrankung durch sogenannte Leptospiren. Diese werden mit dem Urin infizierter Tiere ausgeschieden und können dann durch andere Tiere, aber auch den Menschen, über infiziertes Gewässer wie Pfützen, Teiche, Seen etc. aufgenommen werden. Man spricht von einer Zoonose. Das bedeutet, Tiere können den Menschen infizieren und umgekehrt. Fieber, Erbrechen und Durchfall sind die üblichen Symptome. Die Tiere sind erschöpft und scheiden, durch die Infektion der Nieren, zudem häufig blutigen Urin aus. Bei Beteiligung der Leber kann es zu einer Gelbsucht (Ikterus) kommen. Oft wird eine Muskelschwäche in der Hinterhand beobachtet. Zudem können weitere Organe durch die Infektion geschädigt werden.

Tollwut zählt ebenfalls zu den Zoonosen. Tollwütige Tiere können über Speichelkontakt auch den Menschen infizieren. Tollwut löst eine Gehirnentzündung aus. Die Infektion verursacht eine starke Wesens-änderung mit ungewöhnlich unruhigem, oft scheuem, aber auch aggressivem Verhalten wie Bellen und »Beißwut«. Hinzu kommen Lähmungserscheinungen mit Schluckstörungen und dadurch bedingtem Speicheln, aber auch Lähmungen an den Gliedmaßen. Letztendlich führt die Erkrankung zum Tod. Eine Behandlung tollwuterkrankter Tiere ist verboten. Bei tollwutverdächtigen Tieren hilft nur die gültige Tollwutimpfung als Nachweis, um Maßnahmen wie eine eventuelle Tötung des Tieres zu verhindern.

Nur eine sorgfältige Grundimmunisierung und regelmäßige Auffrischungsimpfungen verhindern diese durchaus tödlich verlaufenden Infektionen, die Ansteckung anderer Tiere und eben auch die des Menschen.

Um einen sicheren und kontinuierlichen Impfschutz zu erhalten, müssen nach der Grundimmunisierung regelmäßige Wiederholungsimpfungen durchgeführt werden. Für Leptospirose wird eine jährliche Wiederholungsimpfung dringend empfohlen. Für Staupe, H. c. c. und Parvovirose hingegen sind Wiederholungsimpfungen ab dem 2. Lebensjahr im Abstand von jeweils drei Jahren nach der Leitlinie zur Impfung von Kleintieren ausreichend. Die Wiederholungsimpfungen für Tollwut sind abhängig vom verwendeten Impfstoff und den Hinweisen des Impfstoffherstellers. Allerdings gelten für Reisen ins Ausland individuelle Einreisebestimmungen, die vor Reiseantritt unbedingt beim Tierarzt erfragt werden sollten.

Parasiten

Man unterscheidet zwischen Endoparasiten (Parasiten, die im Inneren, z. B. im Darm oder im Blut des Tieres leben) und Ektoparasiten (Parasiten, die auf dem Tier leben).

Endoparasiten beim Hund sind beispielsweise Rund- und Bandwürmer, aber auch Einzeller wie Giardien. Die daraus folgenden Probleme sind vielfältig: Entwicklungsstörungen, Abmagerung, Durchfall, Blutarmut und Immunschwäche. Endoparasiten zählen zu den Zoonosen und sind deshalb auch für Menschen gefährlich. Auch aus diesem Grund sollte der Hund regelmäßig – alle drei Monate – entwurmt werden. Die Entwurmung ist keine präventive Maßnahme. Sie beseitigt ausschließlich vorhandene Parasiten, schützt aber nicht vor einer Neuinfektion. Welpen werden häufig schon vom Muttertier infiziert. Die Hündinnen sind mit sogenannten ruhenden Larven infiziert, die durch die hormonelle

Grundimmunisierungsplan:

	8. Lebenswoche	12. Lebenswoche	16. Lebenswoche	15 Monate
Staupe	X	X	X	X
H. c. c.	X	X	X	X
Parvovirose	X	X	X	X
Leptospirose	X	X		X
Tollwut		X	X	X

Veränderung während der Trächtigkeit aktiviert werden. Die Welpen werden so entweder schon im Bauch der Hündin oder spätestens über die Muttermilch mit Larven angesteckt!

Ektoparasiten sind beispielsweise Zecken, Flöhe, Haarlinge, Milben und Co. Sie übertragen häufig gefährliche Krankheiten wie *Borreliose*, *Frühsommermeningitis* oder Reisekrankheiten wie *Babesiose* und *Anaplasmose*. Zudem verursachen sie oft starken Juckreiz, Allergien und entzündliche Hautreaktionen. Flöhe und auch Haarlinge sind außerdem Überträger von Bandwürmern. Schützende Maßnahmen zu bestimmten Jahreszeiten oder bei Auslandsreisen sind unerlässlich. Der Haustierarzt ist der richtige Ansprechpartner für Fragen zum Schutz vor Parasiten! Dieser kann aus der Vielzahl angebotener Produkte, wie Spot-on, Halsbändern, Tabletten und Shampoo, den optimalen Wirkstoff auswählen, um eine effektive und möglichst schonende Behandlung zu garantieren. Hilfreich ist es auch, den Hund immer nach Spaziergängen auf Parasiten, vor allem Zecken, abzusuchen. Bei Flöhen sind die sichtbaren Flöhe allerdings nur die Spitze des Eisbergs (ca. 5 Prozent). Der Rest des Floh-»Eisbergs« (ca. 95 Prozent) lebt in Form von Floheiern, -puppen und -larven bereits in der Umgebung des Hundes! Bei Flohbefall deshalb immer auch die Umgebung sowie Hundedecken und -körbchen mitbehandeln!

Magendrehung

Die Magendrehung beim Hund ist eine gefürchtete Erkrankung, deren Ursachen nicht vollständig geklärt sind. Großwüchsige Hunderassen mit tiefer Brust sind gefährdeter als kleine Rassen. Die Aufnahme erheblicher Futtermengen oder großer Wassermengen vor und nach dem Fressen sowie hastiges Fressen, ebenso wie Stress, der mit starkem Hecheln verbunden ist, können ebenfalls zu einer Magendrehung führen.

Auch das Verfüttern von Trockenfutter mit hohem Anteil an Fetten und Ölen sowie einer großer Krokettengröße wird als Auslöser diskutiert. Der Magen hängt infolgedessen wie ein Ballon im Bauchraum und kann sich beim Rennen, Toben und Spielen ganz oder teilweise um die eigene Achse drehen und dabei Mageneingang und/oder Magenausgang verschließen. Dies führt zu einer lebensbedrohlichen Notfallsituation, die nur durch schnelles Handeln und häufig durch eine lebensrettende Operation behoben werden kann. Symptome einer eventuellen Magendrehung sind: aufgeblähter Bauch, erfolgloses Würgen, Hecheln, Kreislaufschwäche, blasse Schleimhäute und Schmerzen in der Bauchregion.

Geschlechtsreife und die Folgen

Läufigkeit

Die Hündin ist in der Regel zweimal im Jahr läufig (saisonal diöstrisch). In dieser Zeit kommt es zunächst zu blutigem Scheidenausfluss. Die Hündin ist jetzt für Rüden attraktiv und wird zunehmend von den männlichen Artgenossen belästigt. Sie wehrt die Rüden anfangs aber noch zuverlässig durch Wegbeißen ab. Wenn der Scheidenausfluss heller und die Blutung weniger wird, könnte man denken, man hätte es überstanden. Jetzt aber ist die heiße Zeit und die Hündin »steht« bei Kontakt mit Rüden, sie bietet sich diesen regelrecht an. Dabei überwinden die Hunde Probleme wie unterschiedliche Körpergröße sehr erfinderisch. Deckt jedoch z. B. ein sehr großer Rüde eine kleine Hündin, kann das beim Austragen der Welpen und der Geburt lebensgefährlich werden. Kommt es generell zum Decken einer Hündin, »hängen« die Tiere nach dem Deckakt bis zu 30 Minuten fest. In dieser Zeit darf man die Hunde auf keinen Fall gewaltsam trennen, da dies zu schweren Verletzungen bei Hündin und Rüden führt. Kommt es daraufhin zur Trächtigkeit der Hündin, sind nach etwa 63 Tagen Welpen zu erwarten. Sind Welpen allerdings nicht erwünscht, ist das rasche Aufsuchen des Tierarztes nach dem Deckakt notwendig, um eine Trächtigkeit zu verhindern.

Kastration

Bei der Kastration werden die Keimdrüsen (Hoden bzw. Eierstöcke) entfernt, sodass neben der Unfruchtbarkeit auch keine Geschlechtshormone wie Testosteron bzw. Östrogen mehr produziert werden. Bei der Hündin wird zudem meist auch die Gebärmutter entfernt. Im § 6 Tierschutzgesetz ist »(...)das Entnehmen von Organen verboten, außer der Eingriff ist im Einzelfall nach tierärztlicher Indikation geboten (...)«. Dass die Läufigkeit der Hündin oder sexuelles Interesse des Rüden für den Besitzer lästig ist, ist daher kein Argument.

Das häufig empfohlene Kastrieren jedes Rüden sollte man sich aber gut überlegen. Kastration erleichtert weder die Erziehung noch hilft es bei aggressivem Verhalten, das nicht sexuell motiviert ist. Gerade unsichere, ängstliche Rüden profitieren in der Regel nicht von Kastration und dem Verlust des Geschlechtshormons Testosteron. Und so manch ein kastrierter Rüde hat zusätzlich damit zu tun, lästige Rüden abzuweisen, die aufdringliches Verhalten zeigen, das nur durch aggressive Gegenwehr lösbar scheint. Dadurch entsteht schnell eine erlernte Aggression! Eine Kastration wirkt sich aber durchaus positiv auf verschiedene medizinische Risiken wie Prostata-, Hoden- oder

Perianaldrüsentumoren beim Rüden sowie Gesäugetumoren bei der Hündin aus.

Entscheidet man sich – nach genauer Betrachtung der Persönlichkeit des Hundes und Abwägen der Vor- und Nachteile – für eine Kastration, ist vor allem der richtige Zeitpunkt wichtig. Aus verhaltenstherapeutischer Sicht sollte man damit immer bis zur körperlichen, aber besonders bis zur geistigen Reife warten, die eben auch hormonell beeinflusst wird. Daher sollte man Rüden nicht vor dem Erreichen des ersten Lebensjahres und Hündinnen erst nach der ersten Läufigkeit kastrieren.

Bei der Sterilisation werden Samenstrang (beim Rüden) oder Eileiter (bei der Hündin) durchtrennt, ohne die Keimdrüsen (Hoden bzw. Eierstöcke) zu entfernen. Dadurch können sich die Tiere zwar nicht mehr fortpflanzen, produzieren aber nach wie vor Geschlechtshormone.

»Keine Angst vorm Tierarzt«

»Angst vor dem Tierarzt hatte ich eigentlich nie. Ich lebe schließlich in einem Medizinerhaushalt. Schon von Anfang an wurde ich überall angefasst, untersucht und behandelt. Als Welpe hatte ich schon ersten Kontakt mit Injektionen. Da diese aber immer mit viel Lob, Streicheleinheiten und super Leckerli kombiniert wurden, freu ich mich zwar nicht unbedingt darauf, finde es aber auch nicht schlimm und beiße die Zähne zusammen.

Bevor eine Untersuchung gemacht wird, darf ich mir alles, auch die Instrumente, zunächst einmal anschauen und beriechen. Alle sind dabei entspannt und ruhig, das gibt mir ein gutes Gefühl! Und weil ich gelernt habe, dass ich auf mein Rudel zählen kann, mach ich alles vertrauensvoll mit. Manchmal besuchen wir verschiedene Tierarztfreunde in deren Praxen, die mir Blut abnehmen, mich röntgen oder mich ebenfalls untersuchen. Der Duft der Praxen erinnert mich dann immer an die tolle Zeit des Indoor-Welpenspiels mit den Kumpels, den Riesenspaß und den vielen Leckerli. Das weckt jedes Mal eine gute Erinnerung, die mich freudig hineinspazieren lässt. Obwohl ich lieber mit Praxishündin Coco herumtollen würde, halte ich die Prozeduren mit meinen Menschen an der Seite aus, lass mich kraulen und loben und freu mich am Schluss über das besondere Leckerli! Dann allerdings nichts wie raus da!«

Bittere Pillen

Müssen Sie Ihrem Hund Medikamente verabreichen, dann hilft eine gute Verpackung. Geben Sie Ihrem Hund erst ein oder zwei Stückchen Wurst ohne die Tablette weit nach hinten in den Fang. Ist der Hund jetzt gierig auf mehr, kommt die in Wurst verpackte Tablette und danach für einen positiven Abschluss noch einmal ein Stückchen ohne Tablette. Das Schlucken von Pillen kann man schon von Welpenbeinen an trainieren.

Tabletten eingeben

- Dem Hund sanft über den Fang greifen und ihm gleichzeitig ein Leckerli vor die Nase halten.

- Öffnet er daraufhin sein Maul, sagen Sie das Kommando *Aufmachen*.

- Dann legen Sie ihm ein Leckerli auf die Zunge und bestätigen das Verhalten mit *Fein*!

- Üben Sie immer wieder ein paarmal und legen Sie das Leckerli nach und nach weiter nach hinten auf die Zunge!

- Nach einiger Zeit wird der Hund auf das Kommando *Aufmachen* seinen Fang öffnen, sodass Sie etwas hineinlegen können.

http://www.tierverhaltensmedizin.de/html/hundefuehrerschein.html

Die Sache mit der Hygiene

Wir Menschen würden den Hund am liebsten jeden Tag in die Badewanne packen, um uns, die Wohnung, aber auch den Hund möglichst sauber und keimfrei zu halten. Aber: Häufiges Baden mit zusätzlichem Shampoonieren des Hundes birgt viele Nachteile und Risiken.

Die seifenhaltige Lösung des Shampoos entfernt die wichtige Fettbestandteile im Fell des Hundes, die dafür sorgen, dass Feuchtigkeit, wie z. B. Regenwasser, am Fell abperlt und der Hund nicht bis auf die Haut nass wird und friert. Sie ist dringend notwendig, um eine Erkältung zu verhindern.

Außerdem trocknet das häufige Einseifen die Hundehaut aus, was zu Schuppen und Juckreiz führt. Auch wird durch zu viel Fellreinigung der Eigengeruch des Hundes reduziert. Das wiederum kann dazu führen, dass wohlduftende Hunde sich dann vermehrt im Dreck wälzen, um den eigenartigen Geruch des Shampoos loszuwerden. Im schlimmsten Fall führt das Baden bei ängstlichen, wasserscheuen Hunden zu erhöhtem Stress, der gegebenenfalls Verhaltensprobleme wie Angst oder Aggression hervorrufen kann.

Der Hund sollte daher möglichst selten gebadet werden. Wenn es dennoch notwendig ist, den Hund mit lauwarmem Wasser vorsichtig abspritzen und nur bei größeren Verschmutzungen möglichst wenig sanftes Hundeshampoo benutzen!

Körperpflege beim Hund

Regelmäßiges Bürsten pflegt nicht nur das Fell, sondern fördert zudem die Durchblutung der Haut und stärkt die Bindung zwischen Hund und Mensch. Kletten, aber auch verfilztes und verknotetes Fell können frühzeitig entfernt werden, bevor sich größere Fellknoten gebildet haben, die dann durch Ziehen und Ziepen zu Hautirritationen und Schmerzen führen und das Entfernen

erschweren. Manchmal hilft dann tatsächlich nur noch die Schermaschine!

Falls der Hund einmal sehr schmutzig ist, muss er nicht immer gleich in die Badewanne. Einfach alles trocknen lassen, dann Schmutz und Staub gut ausbürsten.

Ohren und Krallen müssen ebenfalls immer wieder kontrolliert werden. Sind die Ohren verschmutzt, kann man den äußeren (!) Gehörgang, also die Ohrmuschel, mit einem weichen Tuch reinigen. Gehen Sie aber niemals tiefer in den Gehörgang hinein und benutzen Sie keine Gegenstände wie Wattestäbchen zur Reinigung! Dies kann zu schweren Verletzungen führen und sollte ausschließlich dem Tierarzt überlassen werden! Auch lange Krallen müssen vom Tierarzt gekürzt werden, damit es nicht zu Verletzungen kommt! Vor allem bei dunklen Krallen kann man die Gefäße, die sich oft tief in die Kralle hineinziehen, nicht erkennen und die Kürzung verursacht u. U. schmerzende und stark blutende Verletzungen!

http://www.tierverhaltensmedizin.de/html/hundefuehrerschein.html

Indoor-Welpenspiele

Beim Indoor-Welpenspielen in der Tierarztpraxis lernen die Welpen während der Sozialisierungsphase die Tierarztpraxis, aber auch deren speziellen Gerüche positiv während des gemeinsamen Spielens kennen. Das Stehen auf dem Untersuchungstisch, ein »Sich-überall-anfassen-Lassen« und kleine Untersuchungen werden hierbei spielerisch und vor allem ohne Druck, Zwang oder zwingende Notwendigkeit geübt und mit viel Leckerli und Lob bestärkt. So nimmt der Welpe erste positive Erinnerungen an die Praxis mit ins zukünftige Leben und verknüpft den Praxisgeruch nach Desinfektion und anderen Tieren mit Spiel und Spaß anstatt mit Angst und Schmerz. Sie erinnern sich? Gerade geruchliche Erinnerungen werden sehr emotional im Gedächtnis abgelegt (siehe Seite 29).

Fakten-Check

1. *Wie wird Tollwut übertragen?*

a ❒ Durch Körperkontakt mit einem erkrankten Tier

b ❒ Durch Speichelübertragung des erkrankten Tieres, beispielsweise einem Biss

c ❒ Durch Beschnüffeln des Kots infizierter Tiere

2. *Die Magendrehung ist eine gefährliche Erkrankung. Welche Aussagen dazu sind korrekt?*

a ❒ Nach dem Fressen sollte das Tier ruhen.

b ❒ Nach dem Fressen braucht das Tier unbedingt Bewegung.

c ❒ Vor allem kleine Hunderassen sind anfällig dafür.

3. *Was sind sogenannte Ektoparasiten?*

a ❒ Zecken, Flöhe, Haarlinge, Milben

b ❒ Bienen, Wespen, Hummeln

c ❒ Eine Algenform

4. *Was sind sogenannte Endoparasiten?*

a ❒ Parasiten, die Hundeohren befallen

b ❒ Parasiten wie Rund- und Bandwürmer

c ❒ Blutsauger wie Zecken

5. *Was muss man bei Flohbefall berücksichtigen?*

a ❒ Man muss ausschließlich den Hund behandeln.

b ❒ Flöhe müssen nicht behandelt werden, sie verschwinden von selbst.

c ❒ Hund und Umgebung müssen behandelt werden.

6. *Wie oft muss ein grundimmunisierter Hund gegen Tollwut geimpft werden?*

a ❒ Nach der Grundimmunisierung ist keine weitere Impfung notwendig.

b ❒ Das hängt vom Impfstoffhersteller ab.

c ❒ Nach jeder Wurmkur.

7. *Ist es notwendig, den Hund regelmäßig zu baden?*

a ❒ Beim Baden des Hundes sollte man zurückhaltend sein.

b ❒ Einmal in der Woche

c ❒ Täglich

8. *Was sind Giardien?*

a ❒ Eine Blaualgenform

b ❒ Einzeller, die Durchfall verursachen

c ❒ Ein Flohhalsband

Lösungen: 1b, 2a, 3a, 4b, 5c, 6b, 7a, 8b

Kapitel 7

Wenn der Hund zum Problem wird

Wenn der Alltag mit dem Hund zu schwierig wird und man ihn nicht mehr wirklich im Griff hat, ist professionelle Hilfe unbedingt erforderlich. Das bedeutet nicht automatisch, dass Sie als Besitzer versagt haben. Tierärzte, die auf verhaltensauffällige Tiere spezialisiert sind, sorgen dafür, dass das Zusammenleben wieder harmonisch wird und Freude macht.

Nicht alle Verhaltensweisen, die ein artspezifisches Hundeverhalten widerspiegeln, passen immer und überall in den menschlichen Alltag und zum Zusammenleben mit der Gesellschaft. Den Unterschied zu erkennen – also artspezifisches oder wirklich auffälliges Verhalten – ist sehr wichtig. Nehmen wir beispielsweise das Thema »Aggression«. Aus Hundesicht ist sie häufig notwendig, um Situationen selbstständig zu regeln oder ein Gegenüber zu verwarnen. Das kann jedoch nicht immer toleriert werden.

Sensibelchen oder harter Hund?

Der Partner Mensch muss seinen Hund immer aufmerksam beobachten, um auftretende Verhaltensveränderungen oder problematisches Verhalten zu erkennen und diesem entgegenzuwirken.

Aggression gehört beispielsweise zum normalen Verhaltensrepertoire jedes Hundes. Man unterscheidet dabei zwischen offensiver und defensiver Aggression. Sie ist abhängig von der genetischen Ausstattung des Hundes, seinen Lernerfahrungen, der körperlichen, aber auch psychischen Ausstattung der Beteiligten (Mensch und Hund), der Motivation und der jeweiligen Situation. Das Ziel aggressiven Verhaltens ist eine Distanzvergrößerung zur Bedrohung.

Aggressives Verhalten hat häufig auch medizinische Ursachen wie Schmerzen oder ein gestörtes hormonelles Gleichgewicht (z. B. Sexual-, Schilddrüsen-, Nebennieren-, Bauchspeicheldrüsenhormone). Die Diagnose kann in diesem Fall nur durch einen Tierarzt gestellt werden.

Angst und Furcht sind zweierlei: Während sich die Furcht auf etwas Konkretes bezieht und zu Flucht, Angriff, Erstarren oder auch Flirten führt, handelt es sich bei der Angst ausschließlich um ein Gefühl, das nicht zwingend zu einer Handlung führen muss. Es dient als Warn- und Schutzfunktion vor negativen Situationen, die zu Schmerzen, Verletzungen und schlimmstenfalls zum Tod führen können. Angst und Furcht können Flucht auslösen oder helfen, gefährliche Situationen zu vermeiden. Ist eine Flucht nicht möglich, kann es durchaus zu angstaggressiven Angriffen kommen.

Muss Strafe sein?

- Aversives Training, das auf Strafe beruht, macht sich die Angst des Tiers zunutze. Zeigt der Hund falsches Verhalten, wird er für sein Verhalten bestraft. Der Hund unterlässt jetzt zwar beim richtigen Einsatz von Strafe (korrektes Timing, Intensität, die das Verhalten zuverlässig unterbricht, und konsequenter Einsatz der Strafe) das Verhalten, das zur Bestrafung führt, befindet sich aber in permanentem Stress, alles richtig zu machen.

- Da aversive Trainingsmethoden andere hundetypische Bewältigungsstrategien wie Flucht, Erstarren oder das Flirten unterbindet, entstehen für den Hund ausweglose Situationen, die den Stress, aber auch die Angst von Situation zu Situation erhöhen. Manche unsicheren Hunde werden immer ängstlicher oder resignieren bis hin zur Depression. Sie zeigen dann immer weniger Motivation zur Mitarbeit, was wieder Strafe zur Folge haben kann. Manche setzen irgendwann in ihrer Verzweiflung und Auswegslosigkeit angstaggressives Verhalten ein, das bei Erfolg heißt: Distanzvergrößerung (Aggression siehe Seite 115) immer häufiger und intensiver gezeigt wird. Auch eine Verknüpfung der Strafe mit eigentlich neutralen Umweltreizen (wie vorbeilaufende Kinder, Jogger, Fahrradfahrer, andere Hunde und vieles mehr) während des Bestrafens kann aus einem (an sich friedfertigen Hund) eine tickende Zeitbombe und Gefahr für die Umwelt machen!

- Aversiv trainierte Hunde verlieren auf jeden Fall das Vertrauen in ihre Menschen, von denen nur Negatives oder sogar Schmerzhaftes ausgeht.

Nicht nur negative Erlebnisse, sondern häufig auch das Fehlen vieler wichtiger Erfahrungen (sogenannte Deprivation) führt zu ängstlichem Verhalten. Eine Befunderhebung, Diagnose und individuelle Therapie durch Spezialisten können verhindern, dass sich die vorhandene Angst generalisiert oder der Hund lernt, Angst verursachende Situationen mit aggressivem Verhalten zu lösen.

Trennungsangst kommt bei Hunden als obligaten Rudeltieren häufig vor. Da ihr Rudel in den meisten Fällen der Mensch ist, ist das »Zusammenbleiben« für die Tiere lebenswichtig. Dennoch können Hunde durchaus lernen, gewisse Zeiten entspannt alleine zu verbringen (siehe Seite 52). Trennungsangst kommt häufig bei Tieren vor, die zu früh vom Muttertier getrennt wurden, oder entsteht, wenn sich Lebenssituationen ändern und Tiere, die bis dahin nie alleine waren und ihre gesamte Zeit gemeinsam mit dem Besitzer verbracht haben, plötzlich alleine bleiben müssen. Werden sie vom Besitzer, zu dem eine emotionale Abhängigkeit besteht, getrennt, kommt es zu Trennungsangstsymptomen wie Unruhe, Lautgebung, Zerstörung und/oder Unsauberkeit.

Meist führen schon Signale wie das In-die-Hand-Nehmen des Schlüssels, Schuhe-Anziehen oder Zur-Türe-Gehen zu den oben genannten Symptomen. Die Tiere verfallen in einen panischen Zustand und manch ein Hund verwehrt das Weggehen seines Besitzers sogar durch aggressives Verhalten. Ist der Hund alleine, wird durch ausdauerndes Bellen versucht, den Besitzer zurückzuholen. Das Nagen an Türstöcken und Fenstern soll ein Heraus- und Hinterherkommen ermöglichen. Da wird auch schon einmal die vollgestellte Fensterbank abgeräumt. Die aufkommende Angst bis hin zur Panik verursacht hochgradigen Stress, den es abzubauen gilt und der neben Durchfall und unkontrolliertem Urinabsatz zu panischem Kratzen oder auch Wundlecken der Gliedmaßen führen kann.

Da Kauen beim Hund stressreduzierend wirkt, werden deswegen häufig Gegenstände zerstört. Bei der Rückkehr des Besitzers freuen sich die Tiere unermesslich, registrieren aber über feine Stimmungsübertragung schnell, dass der Partner Mensch ob des entstandenen Chaos übellaunig ist. Dann zeigt der Hund Beschwichtigungsgesten, die den Menschen besänftigen sollen, von diesem aber meist als »schlechtes Gewissen« fehlinterpretiert werden. Der Hund kann wegen der zeitlichen Verzögerung allerdings keine Verknüpfung zu seinem Trennungsangstverhalten herstellen, sondern verknüpft die Rückkehr des Besitzers ausschließlich mit der schlechten Stimmung. Wird dann geschimpft oder bestraft, erhöht sich der Stress des Hundes und verschlechtert sowohl die Situation an sich als auch die Beziehung zum Besitzer. Deshalb ist es äußerst wichtig, bei der Rückkehr möglichst gelassen zu bleiben, auch wenn das oft schwerfällt. Auf keinen Fall sollte der Hund bestraft werden! Professionelle Hilfe durch einen verhaltenstherapeutisch ausgebildeten Tierarzt ist ganz wichtig. Die Trennungsangstproblematik ist über eine strukturierte Therapie und konsequente Umsetzung gut behandelbar!

Jagdverhalten wird häufig dem aggressiven Verhalten zugeordnet, obwohl das nicht stimmt. Sie erinnern sich: Aggression dient der Distanzvergrößerung – und beim Jagen ist ja das Gegenteil der Fall, nämlich die Distanzverringerung. Der jagende Hund will ja nicht von der Beute weg, sondern zur Beute hin!

Bereits beim »Hinterherhetzen« werden (ohne Beutekontakt!) körpereigene Opiate (Endorphine) ausgeschüttet, die ein befriedigendes Gefühl erzeugen und zum erneuten Jagen motivieren. Das Jagen ist deshalb immer selbstbelohnend!

Jagdverhalten wird in der Regel durch Bewegung ausgelöst, weshalb neben Wild auch rennende Kinder, Jogger, Skater, Radfahrer oder kleinere (oft weiße) Hunde als jagbare Objekte wahrgenommen werden. Jeder Hund weist ein mehr oder weniger ausgeprägtes Jagdverhalten auf. So mancher Hundebesitzer, der sich bewusst gegen einen Jagdhund entschieden hat, wundert sich dann über das zwar abgekürzte (hypotrophierte), aber dennoch ausgeprägte Jagdverhalten seines Hütehundes, der jedoch ohne jagdliche Motivation gar nicht hüten könnte. Die Jagdentwicklung ist angeboren und rasseabhängig

charakteristisch, beginnt in der Regel ab 6 Monaten, steht aber im weiteren Verlauf auch mit Lernerfahrung im Zusammenhang und kann durch die Anwesenheit anderer jagender Hunde drastisch erhöht werden. Daher sollte schon in der Sozialisierungsphase erwünschtes Verhalten im Zusammenhang mit jagdauslösenden Objekten trainiert werden, um die Motivation rechtzeitig in die gewünschte Richtung zu lenken. Jagdverhalten ist nicht therapierbar, aber bei frühzeitigem Training durchaus kontrollierbar !

»Objekte der Begierde«

»Eigentlich bin ich ja ein Jagdhund, aber für mich muss es nicht unbedingt ein Reh oder Hase sein, das gesucht werden muss. Ich habe herausgefunden, dass vor allem das gemeinsame Arbeiten mit meinen Menschen Spaß und Freude bringt. Natürlich habe ich beim Hinterherjagen einer Beute ein gutes Gefühl, aber das Suchen, Finden, Apportieren eines Dummys, was mit viel Aufmerksamkeit und ab und an auch noch mit einem Leckerli von meinem Menschen belohnt wird, befriedigt mich mindestens genauso, wenn nicht sogar mehr. Bei uns ist ja auch immer was los, da fällt die Entscheidung für mein Menschenrudel und gegen die Tiere im Wald in der Regel nicht schwer! Und die freuen sich auch immer so, wenn ich dableibe!

Nur manchmal, an langweiligen Tagen oder wenn eine andere Fellnase dabei ist, verführt mich der Geruch oder ein rennendes Tier zur Jagd. Dann schau ich kurz nach, wohin die rennen. Aber weil ich meine Zweibeiner ja nicht verlieren möchte, besinne ich mich ziemlich schnell und dreh doch lieber um!«

Knurren unerwünscht

Die meisten Menschen glauben, die Kontrolle zu verlieren, wenn ihr Hund sie anknurrt. Knurren jedoch ist Kommunikation und ein wichtiges Signal für *Lass es! Komm mir nicht zu nahe!*, es ist sozusagen eine Vorwarnung!

Wird dieses Signal nicht verstanden, muss der Hund härtere Geschütze auffahren, damit sein Gegenüber ihn versteht. Dann wird vielleicht nach vorne gestoßen, geschnappt oder gebissen. Unterbindet der Besitzer das Knurren, überspringt der Hund dieses Kommunikationselement in Situationen, in denen es notwendig wäre, und er wird ohne Vorwarnung vorstoßen, schnappen oder, schlimmer noch, zubeißen.

Knurren ist wichtig, um Gefahren zu vermeiden! Statt dem Hund das Knurren zu verbieten, wäre es besser herauszufinden, warum geknurrt wird. Dadurch könnte man kritische Situationen vermeiden und über gezielte Therapie und Training eine wünschenswerte Verhaltensmodifikation herbeiführen, die Knurren überflüssig macht!

Weitere typische Verhaltensprobleme sind beispielsweise:

- aufmerksamkeitsforderndes Verhalten,

- territoriales Verhalten wie Bellen an der Tür oder am Gartenzaun,

- Geräuschphobien wie Ängste bei Feuerwerk oder Gewitter,

- Über- und Hyperaktivität

- oder Zwangsverhalten/Stereotypien (abnormes repetitives Verhalten) wie Schatten-, Fliegen- oder Schwanzjagen.

Bei allen Verhaltensproblemen sollte eine Befunderhebung und die Diagnose von einem tierärztlichen Spezialisten durchgeführt werden. Nur dieser kann klären, ob es sich eventuell um eine Erkrankung handelt, die vielleicht medizinische Versorgung oder den Einsatz von Medikamenten erfordert, oder ob es sich vielleicht »nur« um ein Erziehungsproblem handelt. Spezialisten für Verhaltensmedizin finden Sie bei der Gesellschaft für Tierverhaltensmedizin und -therapie (www.gtvmt.de).

Erziehungsprobleme lassen sich auch in Zusammenarbeit mit qualifizierten Hundetrainern lösen (www.bhv-net.de). Die dafür erforderlichen Fachkenntnisse werden momentan mit dem Ziel der Qualitätsverbesserung verstärkt kontrolliert (siehe unten).

Mythos oder Wahrheit? Hunde, die bellen, beißen nicht?

Fakt ist: Hunde, die bellen, haben einen erhöhten Stresslevel. Aber: Bellen ist nicht gleich bellen. Hunde bellen aus Freude, als Warnung, zur Verteidigung, aber auch aus Angst, wenn sie frustriert sind oder Aufmerksamkeit einfordern wollen. Letzeres ist ein »erlerntes« Bellen.

Erregung spielt beim Bellen immer eine Rolle. Es ist – kombiniert mit der Körpersprache –, eine Form der Kommunikation, aber prinzipiell kein Ausdruck von Aggression. Je nach Situation können die Erregungslage und der dazugehörige Stress allerdings dazu führen, dass Bellen in aggressives Verhalten übergeht. Dann kommen jedoch andere Kommunikatonssignale hinzu, die für aggressives Verhalten typisch sind. Es wird geknurrt, gefletscht, geschnappt und eventuell auch gebissen, wenn Knurren und Zähnezeigen zur Distanzvergrößerung erfolglos bleiben. Die Übergänge können dabei sehr rasch und fließend sein. Wichtig ist daher, in diesen Situationen einerseits Stress und Erregung abzubauen, andererseits aber auch charakteristisches Bellen zu verstehen und richtig einzuordnen, um adäquat darauf reagieren zu können.

Alles, was Recht ist

Wer sich einen Hund anschafft, der muss sich auch mit Rechten und Pflichten, Gesetzen und Verordnungen beschäftigen. Entscheidend sind häufig der Wohnort und manchmal auch die Rasse, die mal mehr und mal weniger Verpflichtungen mit sich bringen.

Was der Hund braucht

Ein absolutes Muss für einen entspannten Alltag mit Hund ist eine Hundehaftpflichtversicherung (Pflicht in manchen Bundesländern). Wann immer Ihr Hund irgendwelchen Schaden anrichtet, tritt diese für die Folgen ein. Und die können erheblich sein, beispielsweise dann, wenn ein Hund auf die Straße rennt und einen Verkehrsunfall verursacht.

Wer sich einen Hund anschafft, muss diesen auch bei der Gemeinde- oder Stadtverwaltung anmelden. Aus der Anmeldung erwächst die Hundesteuerpflicht. Wie viel ein Hund pro Lebensjahr kostet, ist von Gemeinde zu Gemeinde, von Stadt zu Stadt, aber manchmal auch von Rasse zu Rasse unterschiedlich. Für die bezahlte Steuer erhält man eine Hundemarke, die der Hund bzw. der Besitzer stets mit sich führen muss.

Die EU-Richtlinien fordern zudem, dass jeder Hund mit einem Chip versehen wird, der auch eine Transponder-Funktion hat. Dieser kleine Mikrochip (ca. 12 x 2 Millimeter) wird dem Welpen auf der linken Halsseite unter die Haut implantiert. Per Lesegerät lässt sich dadurch jeder Hund identifizieren. Laut EU-Richtlinie ist er seit 2003 verpflichtend und dient als Ergänzung zum EU-Heimtierausweis. Tätowierungen mit einer Nummer im Ohr sind heute nicht mehr üblich.

Jeder Chip hat eine Nummer, und diese Nummer ist heute üblicherweise auch im EU-Heimtierausweis vermerkt. Dieser Ausweis ersetzt den früher üblichen Impfpass. Darin werden alle Impfungen – die freiwilligen und die verpflichtenden – sowie spezielle Entwurmungen vom Tierarzt dokumentiert.

Wenn Sie Ihren Hund bei TASSO anmelden, ist die Chance groß, ihn wiederzufinden, falls er einmal verloren gehen sollte. Dieses größte europäische Haustierregister speichert alle gemeldeten Tiere mit ihren Daten und kann so manchen »verlorenen« Freund schnell wieder zurückbringen.

Tierschutz

Jeder Tierbesitzer muss die erforderlichen Kenntnisse, Möglichkeiten und Fähigkeiten haben, seinen tierischen Begleiter sachgerecht zu ernähren, zu pflegen und verhaltensgerecht unterzubringen. Darüber hinaus hat er auch dafür zu sorgen, dass dem Hund kein Schaden und keine Schmerzen zugefügt werden.

Wenn Sie in diesem Buch über »tierschutzrelevante« Trainingsmethoden und Hilfsmittel gelesen haben, dann ist genau das damit gemeint. Zum Training gehören keine Stachelhalsbänder, Elektroschocker oder Zughalsbänder ohne Stopp (siehe Seite 46).

Vorschriften beachten

Wer einen Hund hält, der läuft – rein theoretisch – Gefahr, mit allen möglichen Gesetzen und Verordnungen in Konflikt

zu geraten. Von A wie Abfallgesetz bis
Z wie Zivilrecht findet man fast überall
Paragrafen, die sich mit der Hundehaltung
bzw. mit den Problemen beschäftigen, die
sich daraus ergeben. Hinzu kommen noch
diverse Verordnungen und Richtlinien aus
den verschiedensten Verwaltungs- und
Gemeindebereichen. Das Bundesministe-
rium informiert unter der Internetadresse
www.gesetze-im-internet.de über alle
rechtlichen Vorschriften und Gesetze.

Der Hundeführerschein

»Wer gewerbsmäßig für Dritte Hunde
ausbilden oder die Ausbildung der Hunde
durch den Tierhalter anleiten will, bedarf
der Erlaubnis der zuständigen Behörde«, so
lautet § 11 Absatz 1, Satz 1, Nummer 8f. Ein
kleiner Satz mit einer großen Wirkung, die
ab 1. August 2014 für Hundeschulen Realität
wurde. Seit diesem Datum müssen Hundeschulen ihre Qualifikation überprüfen lassen.

In Niedersachsen geht für Hundehalter
nichts mehr ohne Führerschein: Wer sich Dackel oder Dobermann zulegen will, muss erst
eine Eignungsprüfung ablegen. In München,
der Hundestadt mit Herz, wird ein strengeres
Durchgreifen diskutiert – und es ist wohl nur
noch eine Frage der Zeit, bis andere Bundes-
länder nachziehen. Auch in Österreich gibt
es den Hundeführerschein schon in man-

chen Bundesländern, und einen Pflichtkurs
muss man in der Schweiz absolvieren, bevor
ein Vierbeiner zu Hause einziehen darf.

Der Hundeführerschein ist Ländersache
und daher von Bundesland zu Bundesland
unterschiedlich geregelt. Die Tiere müssen,
je nach Bundesland, haftpflichtversichert
sein, einen Identifikationschip tragen
und eventuell in einem zentralen Regis-
ter gemeldet werden. Vor allem aber soll
jeder, der sich einen Hund zulegen will,
eine Tauglichkeitsprüfung ablegen – in

Theorie, Praxis oder einer Kombination aus beidem –, unabhängig davon, ob es sich beim neuen Haustier um einen *Mastiff* oder einen *Rauhaardackel* handelt. In Niedersachsen bleibt derzeit nur der vom sogenannten Sachkundenachweis verschont, der im vergangenen Jahrzehnt bereits zwei Jahre lang einen Hund gehalten hat. Wie das in anderen Bundesländern geregelt werden wird, weiß man heute noch nicht.

In Deutschland wird der Hundeführerschein nach den Richtlinien verschiedener Institutionen, wie dem VDH, BHV und natürlich einigen Landestierärztekammern, wie dem BLTK in Bayern, angeboten. Dabei besteht der theoretische Teil der bisher vorhandenen Prüfungen aus Multiple-Choice-Fragen zu verschiedenen Teilbereichen.

Wird zudem eine praktische Prüfung verlangt, wollen die Prüfer sehen, wie man mit seinem Hund umgeht, ob verschiedene Grundkommandos, wie *Sitz, Platz, Bleib* usw. funktionieren, man Leihnenführigkeit gewährleisten und Alltagssituationen mit Hund gefahrenlos meistern kann.

Fakten-Check

1. *Was versteht man unter »aversiven« Trainingsmethoden?*

a ☐ Training, das auf Lob basiert.

b ☐ Training, das auf Vertrauen basiert.

c ☐ Training, das auf Strafe basiert.

2. *Der Abschluss einer Hundehaftpflichtversicherung ist ...*

a ☐ ... nicht nötig.

b ☐ ... verpflichtend.

c ☐ ... je nach Bundesland verpflichtend.

3. *Muss man sich als Hundehalter mit bestimmten Gesetzen und Verordnungen beschäftigen?*

a ☐ Ja, denn wer einen Hund hält, der läuft – rein theoretisch – Gefahr, mit allen möglichen Gesetzen und Verordnungen in Konflikt zu geraten.

b ☐ Nein, denn wenn man darauf angesprochen wird, muss man einfach nur sagen, dass man keine Vorschriften kennt.

c ☐ Nein, denn prinzipiell sind bei Rechtskonflikten mit einem Hund immer die anderen schuld.

4. *Was ist TASSO?*

a ☐ Eine Hundefutter-Hersteller.

b ☐ Ein Haustierregister.

c ☐ Ein privates Tierheim.

5. *Wie kann man seinen Hund am sichersten kennzeichnen?*

a ☐ Mit einem farbigen Halsband.

b ☐ Mit einen Chip.

c ☐ Mit einem Foto im Heimtierausweis.

6. *Was versteht man unter dem »Hundeführerschein«?*

a ☐ Eine Prüfung, bei der Hundehalter ihre Sachkenntnis nachweisen.

b ☐ Einen Nachweis, dass der Hund im Auto transportiert werden darf.

c ☐ Eine Materialprüfung für Hundehalsbänder.

7. *Hunde, die bellen, beißen*

a ☐ nicht.

b ☐ sicher.

c ☐ nur, wenn Aggression hinzukommt oder sie sich bedroht fühlen.

8. *Wenn Hunde permanent ihrem Schwanz nachjagen, dann ist das u. U.*

a ☐ ein zwanghaftes Verhalten.

b ☐ auf alle Fälle zum Lachen.

c ☐ eine Sehschwäche.

Lösungen: 1c, 2c, 3a, 4b, 5b, 6a, 7c, 8a

Quellenverzeichnis und Weblinks

- http://edoc.ub.uni-muenchen.de/15545/1/Werner_Yvonne.pdf
- E. Switzer, I. Nolte Ist der Mischling wirklich der gesündere Hund? – Untersuchung zur Erkrankungsanfälligkeit bei Mischlingen in Deutschland Praktischer Tierarzt 88: Ausgabe 1, S 14-19 (2007)
- Stromberger, Karin: Genetisch-epidemiologische Untersuchungen ausgewählter Erkrankungen beim Hund: Vergleich Rassehunde – Mischlinge. Dissertation am Institut für Tierzucht und Genetik der Vet. Univ. Wien
- Vgl. Studien von Switzer, Nolte und Stromberger
- IFP Staatsinstitut für Frühpädagogik, Dr. Martin R. Textor, Gehirnentwicklung im Kleinkinalter-Konsequenzen für die Erziehung, www.ifp.bayern.de/veröffentlichungen/textor-gehirnentwicklung.html
- http://www.didaktik.physik.uni-muenchen.de/archiv/inhalt_materialien/phy_med_waerme/bergmannsche_regel.pdf
- http://www.aerztezeitung.de/panorama/article/610937/lebensgefahr-15-minuten-praller-sonne-geschlossenen-auto.html
- http://www.tieraerzteverband.de/bpt/berufspolitik/leitlinien/impfleitlinien.php
- Ständige Impfkommision Vet. (StIKo Vet.) im Bundesverband praktizierender Tierärzte e. V. (bpt)
- Wendler, M. F.: Abdominales Kompartmentsyndrom bei Hunden mit Magendrehung/-dilatation; Dissertation Freie Universität Berlin.
- http://www.spektrum.de/lexikon/neurowissenschaft/angst/641
- Werner, Y., Untersuchung zur Wirksamkeit von Zylkene bei Hunden mit Trennungsangst, LMU München, 2013
- Riedel, K., Niedersächsischer Wesenstest seit Abschaffung der Rasseliste von Oktober 2003 bis März 2013 – eine Analyse auffälliger Rassen, TiHo Hannover, 2014
- Meermann, S.: Untersuchung von Rassauffälligkeit bei Hunden der Rassen Border Collie und Australian Shepherd in Deutschland, TiHo Hannover, 2009
- Rugaas, T.: Das Bellverhalten der Hunde, Animal Learn Verlag, 2007
- Thalmann et al., Complete Mitochondrial Genomes of Ancient Canids Suggest a European Origin of Domestic Dogs, Science 15 November 2013: Vol. 342 no. 6160 pp. 871-874
- http://www.spektrum.de/lexikon/biologie-kompakt/domestikation/3203
- http://www.zukunft-heimtier.de/die-studie/heimtiere-in-deutschland.html

Register

Bildnachweis

Jens Bruchhaus (59, 61, Umschlag Rückseite)
Laura Dietz (S. 13, 25)
Niklas Herrmann (S. 10, 26, 42 u., 52, 75, 77, 78, 79, 95, 99, 111)
Eva Kopp (92)
Nikki Miller Jennings (S.22)
Heike Reichardt (12, 98, 100)
Dr. Stefanie Sprauer (II, 11, 14 o., 14 u., 15, 16, 19, 20, 21, 28, 29,
31, 32, 34, 36, 37, 38, 39, 42 o., 45, 47, 49, 50, 51, 54, 60, 63,
64, 65 o., 65 u., 67 li., 67 mi., 67 re., 69, 70, 81, 82, 84, 86, 87, 88,
90, 93, 94, 96, 101, 103, 118, 119, 124)
Carmen Udina (S.114)
Laura Zavattieri (24, 44 o., 44 u., 48, 123)

Danksagung

Großen Dank an alle zwei- und vierbeinigen Freunde, an Tommes und meine Familie,
an Gertrud Teusen und alle, die mir dieses Projekt ermöglicht haben und mir zur
Seite standen. Vor allem aber danke ich meinem Herzenshund Finnley, der mich täglich
motiviert, lehrt und mich an guten und an schlechten Tagen zuverlässig zum
Lachen bringt. Well done, buddy!